中国传统建筑的智慧传承

王 军 吕 成 徐健生
魏佩娜 贾俊明 胡 楠
编著

中国建筑工业出版社

图书在版编目（CIP）数据

中国传统建筑的智慧传承 / 王军等编著 .—北京：中国建筑工业出版社，2024. 6. —ISBN 978-7-112-29904-1

Ⅰ. TU-092.2

中国国家版本馆CIP数据核字第2024R288T5号

责任编辑：毋婷娴
责任校对：王　烨

中国传统建筑的智慧传承
王　军　吕　成　徐健生　魏佩娜　贾俊明　胡　楠　编著

*

中国建筑工业出版社出版、发行（北京海淀三里河路9号）
各地新华书店、建筑书店经销
北京方舟正佳图文设计有限公司制版
天津裕同印刷有限公司印刷

*

开本：787毫米×1092毫米　1/16　印张：10　字数：177千字
2024年8月第一版　2024年8月第一次印刷
定价：**138.00**元
ISBN 978-7-112-29904-1
（42757）

如有内容及印装质量问题，请与本社读者服务中心联系
电话：（010）58337283　QQ：2885381756
（地址：北京海淀三里河路9号中国建筑工业出版社604室　邮政编码：100037）

本书编委会

名誉顾问：

张锦秋　屈培青

编委会成员：

王　军　吕　成　徐健生　魏佩娜　贾俊明　胡　楠
车顺利　闫鹏超　王美子　董凯利　徐沛豪　张书苑
刘　伟　蔡　琛　王士豪

序　一

《中国传统建筑的智慧传承》是一本立足于中国传统建筑、放眼当代建筑创作，理论与实践并重的书籍。这本书首先对中国传统建筑的智慧进行了比较系统性、创新性的总结，并辅以精美的照片及分析图，凝聚了编写团队多年来积累的传统建筑实地考察之记录及思考分析。书籍的后半部分首先提炼总结了现代建筑运用传统建筑智慧的设计策略，并以优秀的工程实例为基础，图文并茂地论述了这些设计策略的实际运用。

本书对中国传统建筑的智慧论述包括古代理想人居环境的基本模式、天人合一的宇宙自然观及宗法礼制的影响，通过理论、实例、分析相结合的模式，着重阐释了中国传统建筑的文化内涵。

书中精选的工程实例均来自中国建筑西北设计研究院有限公司的华夏建筑设计研究院与屈培青工作室。华夏建筑设计研究院成立三十年来，始终坚持以“华夏”为纲，为中华优秀传统建筑文化传承、弘扬、创新而设计，秉持“现代与传统结合”的理念，创作了一系列经受了时间与大众考验的建筑作品。屈培青工作室则坚持探索西部地域文化，潜心研究关中民居建筑和民风建筑，坚持走原创之路，创作出大量以传统民风建筑为方向和特色的优秀建筑。

我们建筑师的使命是在历史的长河中为提高人类的生活质量不断探索、构建更加美好的家园。站在历史文化的高度，以正确的价值观学习、研究中国传统建筑，才能建立起文化的自尊、自觉、自信，才能做有内涵、有层次的建筑。胸怀历史、展望未来、脚踏实地、服务社会、服务大众，才能得道多助，完成共同的建设事业。这一小本总结奉献给同行，希望能起到抛砖引玉的作用。

张锦秋

中国工程院院士

全国工程勘察设计大师

中国建筑西北设计研究院有限公司总建筑师

序　二

《中国传统建筑的智慧传承》一书，以全新的理论视角和大量的实践作品，凝练阐述了古代理想人居环境的基本模式，在现代科学视角下分析了中国古代理想人居环境的深层内涵。在天人合一的宇宙自然观念之下，从礼仪的源头谈起，讲述了中国传统的自然观念和社会观念，探讨了这种朴素的哲学思想在古往今来的社会发展中，如何影响着建筑建造形成与群体空间布局。可以说，作者在主从有序的组织布局、拓扑同构的城市与建筑、内向的建筑空间和独特的门屋与序列艺术四个方面，系统地提炼了传统建筑的智慧内涵。

此外，在明晰了传统智慧的同时，研究团队围绕着：与自然环境和谐共处的设计策略；传承地域精神文化的设计策略；适应现代经济条件与社会生活的设计策略；结合运用传统与现代的建造材料、适应地域技术水平的设计策略；形式与意蕴并重的设计策略等五个方面，系统地运用传统建筑智慧的设计方法论构建了现代建筑设计，并且以深入浅出的经典工程实例为基础，诠释解读如何在实践中具体运用传统建筑智慧的设计策略及工艺方法。选取的项目实例包括：陕西历史博物馆、大唐芙蓉园与曲江池遗址公园、黄帝陵祭祀大院（殿）与黄帝文化中心、贾平凹文化艺术馆等西北院众多实际工程案例。

本书的出版，展示了中建西北院众多本土建筑师对传统建筑的执着与坚守，其成果对于坚定文化自信、弘扬优秀传统文化、更好地传承传统智慧以及创造富有民族特色的现代建筑具有重要的指导意义。

中国建筑西北设计研究院有限公司总建筑师
陕西省工程勘察设计大师

前 言

文化是一个国家、一个民族的灵魂。文化自信是一个国家、一个民族发展中最基本、最深沉、最持久的力量。习近平总书记对于文化功能的新认识与新概括，反映了新时代文化自信的深刻内涵。文化自觉、文化自信是中国城市建设优化和创新的思想基础，新时代中国特色社会主义城市建设要以人民为中心，满足人民日益增长的美好精神生活的需要；要加强城市历史文化遗存的保护和发展，要尊重城市发展规律，统筹规划、建设、管理三大环节，提高城市工作的系统性。而中国传统建筑营建智慧从天地人出发的内在整体性思维可以很好地从认识层面给予我们启发。

处于中国建筑设计理念更加开放、技术更加先进的时代，无论是业主还是设计师，都在建筑设计建造方面有更多选择；但与此同时，这一形势也使我们一直以来面临的问题更加难以找到恰当的答案：如何在现代化建设中传承中国传统建筑的智慧?

这也是世界范围内各个国家、地区面临的共同问题。工业革命过后，世界范围内的许多国家都实现了不同程度的现代化，随着时代的发展，传统建筑显然已不能满足当今社会新的功能需求，国际式风格带来的问题也已经浮出水面，保留和发扬文化多样性的必要性已不言自明，但是随之而来的问题是，我们需要保留的是哪些传统文化，以及如何将其转化运用到现代建筑中？各个国家的业主与设计师对此都作出了自己的探索，并且这些探索随着时代的变迁和技术的进步也在不断发展变化。当今中国正处于高速现代化的进程中，探求这些问题的答案似乎比别的国家、民族更为紧迫，而广阔的地域环境和丰富的民族文化背景使得问题也更加复杂。对此，每一代建筑师都殚精竭虑，尝试做出不同的探索。

面对这一问题，需要明确的是，必须在充分了解传统建筑智慧的基础上，才能更好地尝试各种解决策略。“传统建造的智慧传承案例研究”课题就是在这一背景下诞生的。这一课题由住房和城乡建设部委托，中国建筑西北设计研究院有限公司承担，旨在更好地响应习近平总书记关于坚定文化自信、弘扬优秀传统文化的重要讲话精神，更好地传承传统智慧，创造富有民族特色的现代建筑。

本书为此课题研究成果的集中展示。本书通过对大量实例以图文并茂的方式进行分析，对于传承传统的设计策略进行解读，全面地梳理呈现实际案例中的传统传承策略，以期对今后的建筑创作有所助益。

本书由中国建筑西北设计研究院有限公司张锦秋院士、屈培青总建筑师担任名誉顾问，中国建筑西北设计研究院有限公司董事长王军担任总负责人，编委会主要成员包括吕成、徐健生、魏佩娜、贾俊明、胡楠、车顺利、闫鹏超、王美子、董凯利、徐沛豪、张书苑、刘伟、蔡琛、王士豪。郑建国、周庆华、贾华勇、孙西京、李立敏、周铁刚、高博、张伟等专家学者，为本书的最终成形提供了宝贵的意见与建议。特别感谢中国建筑西北设计研究院有限公司的华夏建筑设计研究院与屈培青工作室全体员工，他们为本书提供了翔实的项目基础资料，这是本书得以完成的坚实基础。

目 录

第三章　传承传统建筑智慧的设计策略

第四章　传承传统建筑智慧的现代案例

第一章

概述

/ 一 /
中国传统建筑的智慧

对中国传统建筑的研究自近代以来已有许多，正如李允鉌先生在《华夏意匠：中国古典建筑设计原理分析》一书开头中所述，时至今日，不论是西方还是东方的研究者、从业者都逐渐脱离了单一文化中心论的桎梏，以开放和发展的眼光去思考、学习、研究全世界的技术与文化。因此研究本国本民族的文化并（或）吸收陌生遥远民族的文化，且以此作为新时代的技术艺术创作之基础，已经成为全世界的共识。

对于一个建筑专业的工作者来说，传统的、历史的建筑知识无疑是非常重要的，但是若认为中国传统建筑的知识只对于完全模仿其建筑形式和图样的创作者有用处，无疑是较为局限的认识。无论是成长于中国传统文化环境中的建筑师，还是那些在成年后才有东方传统建筑参观体验的建筑师，都曾受到过中国传统建筑的感染，不管这种感染是形式还是精神。如美籍日裔建筑师山崎实、美籍华裔建筑师贝聿铭，还有许多致力于从传统建筑中汲取养分的近现代中国建筑师，如第一代建筑师杨廷宝、梁思成、吕彦直、王大闳等，第二代建筑师张锦秋、程泰宁、冯纪忠、何镜堂等，到当下十分活跃的崔愷、王澍、刘克成、李兴钢，等等，中国建筑师在学习西方建筑与中国传统建筑的路上一直在不断做出更具探索性的尝试与努力。在此过程中，建筑师们已经不满足于对单纯的传统形式、图样等的模仿，而是尝试在此基础上做出既具有传统精神又具有时代创新的建筑设计（图 1–1 ~图 1–4）。

因此本书对于中国传统建筑的分析，侧重于文化与精神层面，而非考证复原中国传统建筑的种种建造工法，意在从当代设计实践的角度出发，从“文化”与“精神”的角度，为中国传统建筑的智慧传承提供具有实践意义的解读。

图 1–1 南京中山陵园音乐台

图 1–2 南京中山陵

图 1-3　唐华宾馆

图 1-4　宁波博物馆

本书的第二章，主要论述传统建筑的意匠，着重论述了中国传统的建筑文化，包括三个部分：

1. 古代理想人居环境的基本模式

这一节首先阐述了古代理想人居环境的内涵；其次展开分析了现代科学视角下中国古代理想人居环境的深层含义，如“龙脉连绵”——场址的地质构造安全，“围护屏蔽”——场址周边的围护要素，“阴阳冲和”——环境要素之间的和谐之美，“曲水气聚”——水利万物而不争的重要作用，“相土度地”——选择适宜建筑营造的地质条件，“象天法地”的人文美学。

2. 天人合一的宇宙自然观

这一节则从礼仪的源头谈起，即中国传统的宇宙观、自然观到社会观念如何影响建筑建造活动的布局与群体空间形成。

3. 宗法礼制的影响

这一节则展开阐述了中国传统建筑中极为重要的宗法礼制之影响，建筑文化与中国文化关联之深可见一斑。主要内容包括：主从有序的组织布局；拓扑同构的城市与建筑；内向的建筑空间；独特的门屋与序列艺术。

/ 二 /
传承传统建筑智慧的现代建筑实践

本书的第三章首先提纲挈领地叙述了现代建筑设计运用传统建筑智慧的几大设计策略。包括：与自然环境和谐共处的设计策略；传承地域精神文化的设计策略；适应现代经济条件与社会生活的设计策略；结合运用传统与现代的建造材料、适应地域技术水平的设计策略；形式与意蕴并重的设计策略。

第四章则深入浅出地以经典工程实例为基础，诠释解读第三章的设计策略如何在实践中具体运用。选取的项目实例包括：

陕西历史博物馆（图 1-5）、大唐芙蓉园与曲江池遗址公园（图 1-6）、黄帝陵祭祀大院（殿）与黄帝文化中心（图 1-7）、延安革命纪念馆（图 1-8）、开封中意新区城市设计与开封市博物馆及规划展览馆（图 1-9）、山海关中国长城文化博物馆（图 1-10）、贾平凹文化艺术馆（图 1-11）、北京大学光华管理学院西安分院（图 1-12）、江苏丰县大汉坛文化景区（图 1-13）。

图 1-6　大唐芙蓉园与曲江池遗址公园

图 1-5　陕西历史博物馆

图 1-7　黄帝陵祭祀大院（殿）与黄帝文化中心

图 1-8　延安革命纪念馆

图 1-9　开封中意新区城市设计与开封市博物馆及规划展览馆

图 1-10　山海关中国长城文化博物馆

图 1-11　贾平凹文化艺术馆

图 1-12　北京大学光华管理学院西安分院

图 1-13 江苏丰县大汉坛文化景区

本书选取的 9 个项目实例，是中国建筑西北设计研究院有限公司华夏建筑设计研究院与屈培青工作室的经典作品，广受各界好评，且设计资料翔实。笔者以这 9 个项目实例作为解析传承中国传统建筑设计策略的研究基础，希望从实践角度提出有参考价值的解读。

/ 三 /
本书的缘起

本书缘起于 2019 年住建部的委托课题“传统建造的智慧传承案例研究”（建村〔2019〕78 号）。

“传统建造的智慧传承案例研究”课题的发起背景是 2015 年中央一号文件关于开展传统民居调查的要求及《住房城乡建设部办公厅关于开展传

统民居建造技术初步调查的通知》。为更好地贯彻习近平总书记关于坚定文化自信、弘扬优秀传统文化和不搞奇奇怪怪建筑的重要讲话精神，我们需要从传统中汲取养分。课题的研究目标是更好地呈现当代建造活动对传统建造活动的传承策略。该课题的研究内容包括：

（1）中国传统建筑调查和研究分析，系统性总结传统建筑建造智慧特征。分析传统建筑的自然环境、人文环境和技术条件，深入解析传统建筑在建造中应对地形、气候、水文、土壤、植被、生产生活方式等的建造智慧，从传统建筑结构、传统建造技艺、传统建筑材料等几个角度，阐释可传承的设计理念、文化思想和技术方法。

（2）通过对优秀现代建筑案例的调查梳理，研究如何在适应现代生活和应对自然环境的前提下，创造性地探索出体现传统建造智慧、运用当地建筑材料、展现地域传统审美等方面的创造手法和设计思想，从建筑结构、建造技艺、建筑材料几个角度总结现代建筑技术条件下传承传统建筑建造智慧的方法、途径和手段，引导传承实践。

“传统建造的智慧传承案例研究”采用文献法，广泛阅读并收集近现代学者关于传统建造的论述，以“现代传承”为基准点，对传统建造的智慧进行了简明的总结；在案例研究过程中，采用实地调研和比较研究的方法，对现代建筑案例进行广泛、深入的研究分析，阐明中国传统建造智慧在其中的传承策略。

本书脱胎于“传统建造的智慧传承案例研究”报告，经专家评审会审阅，成书更名为《中国传统建筑的智慧传承》。因此本书的出发点是传统建筑，落脚点是现当代建筑的案例研究，重点在于分析、解读现当代的建筑设计如何传承传统建筑的智慧。本书的最大特点是，以实际案例为切入点，对现当代建筑传承传统智慧的策略进行研究，以期为这一重要问题提供有一定参考价值的答案。传承传统建筑智慧首先是中华民族文化传承的组成部分，在世界文化全球化的当下，传承传统智慧对塑造民族文化形象与提升民族文化自信有重要意义，同时也是保证人类文化多样性、避免文化均质化的重要努力。

本书的优势在于，编写组多年来从事发扬传承传统建筑智慧的建筑实践工作，种种建筑设计策略由实践经验而来。这些设计策略的论述落在具体案例中，有大量翔实的设计及建成资料支撑，实践成果与理论论述互为印证，也使得本书的逻辑性、实证性较强，对各位从业同仁与普通爱好者有较好的参考价值。

第二章

传统建筑的意匠

第一节

古代理想人居环境的基本模式

/ 一 /
古代理想人居环境基本模式的涵义

综观中国古代理想人居环境的择地思想，大到一座城市，小至一个村落或居住点，择地的思想均为充分考虑场址周边自然环境的影响，探寻人类生存所需的安全稳定的地质条件、充足的光照、良好的通风、充沛的水体、丰富的绿化及景观等。

这些人类生存所需的基本要素是各个地域、各种居住类型以及各类建筑功能所共同追求的必然选项。中国古人经过长期的生活实践与经验总结，逐渐形成了完整的选址概念并且提出了选址的理想格局模式，为后人选址提供了更加便捷有效的方法。这种思想涵盖了了解自然、改造自然、适应自然的各个方面，充分代表了古人对于利用自然的最全面的追求。

对这种理想模式进行全面且科学的分析研究，我们可以发现和钩沉中国古人对于场址择地的智慧，进而了解、学习、传承和发展。

古代理想人居模式的基本组成如下[①]：

（1）太祖山：山势挺拔雄伟，巍峨壮观，是基址背后的群山之首。

（2）少祖山："龙脉"从太祖分支以后，一路蜿蜒起伏，分界于太祖山和主山之间的较有特色的山峰。

（3）主山：又称父母山、坐山，是龙脉尽头的山。

（4）龙脉：连接太祖山、少祖山及主山的脉络之山体。

（5）理想地（村落或城市）：主山下结穴之处，被认为是千里来龙止息之处，龙脉生气凝聚之点，是最佳的选址点。

（6）明堂：理想地之前的空旷场所，要宽阔而忌狭窄。

（7）抱水：穴前池塘或河流，呈半月状或环抱状。水为"生气"旺盛凝结的体现。

---

① 程建军．风水解析[M]．广州：华南理工大学出版社，2014．

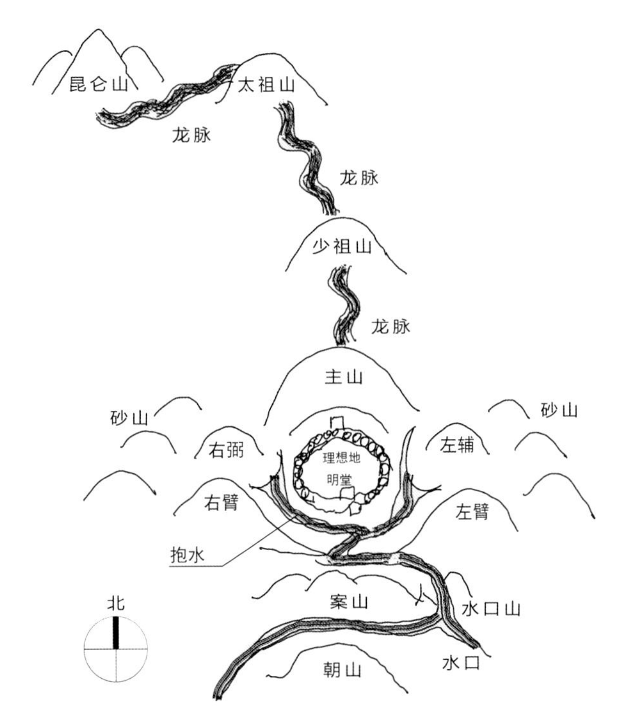

图 2-1　古代理想人居模式

（8）青龙山：基址之左的岗阜山丘，亦称左辅、左臂等。

（9）白虎山：基址之右的岗阜山丘，亦称右弼、右臂等。青龙山和白虎山左右围护，成“虎踞龙盘”之势，起着龙穴明堂之抱护作用。

（10）砂山：青龙山、白虎山以外的层层岗阜山丘。

（11）水口山：水流离明堂而去处的左右两山，隔水成对峙状。

（12）案山：理想地之前隔水的近山，往往是低矮的小岗阜，如几案一般，故称“案山”。

（13）朝山：理想地或父母山遥对的远山，往往是基址前视线的收束点和对景。

理想的人居环境基本模式是一种背山面水、左右围护的格局（图 2-1）。

建筑基址背后有主山，其北有连绵高山群峰为屏障；左右有低岭岗阜“左辅”“右弼”及“砂山”环抱围护；前有池塘或河流婉转经过；水前又有远山近丘的朝案对景呼应。

理想的人居基址恰处于这个山环水抱之地的中央，场地平整、土地肥沃、山林葱郁、河水清明，构成最佳的人居场所。基址背后的山峦可作冬季北来寒风的屏障；面水可以接纳夏季南来的凉风，争取良好的日照条件，并可取得生活、生产的用水便利条件，灌溉庄稼；缓坡可避免洪涝之灾；左右围护，植被茂盛，形成的封闭空间有利于形成良好的生态环境和局部小气候；在战乱的年代还是难攻易守的地形。

这种地形环境适合于我国的气候特点，以及中国封建社会以农业为主的自给自足的小农经济生产方式，因此被称为能带来吉祥的“风水宝地”，成为一种约定俗成的择地模式，体现着古人择地的智慧和对择地要素最全面的追求。

/ 二 /
现代科学视角下中国古代理想人居环境的深层含义

1.“龙脉连绵”——场址的地质构造安全

理想场址背后的山脉要求“龙脉”连绵不曾间断。首先，从现代地质科学的角度来看，山系的形成要经过一个相当漫长的生长过程。山系越大，山脉越长，形成的时间越长，其地质构造越稳定。宋代廖禹在《金精廖公秘授地学心法正传画策扒砂经》中说：“山系高耸宏大，由其根基盘据，支持于下者厚重也。根脚之大，必是老硬石骨作体，非石不能胜其大。低小之山，必根基迫窄，土肉居多。”体现的就是连绵山脉与地质构造之间的直接联系。

其次，“龙脉”是走向一致的地层。龙脉断裂的地方往往是断裂线、断层线所在之处，是两种地质区域的接触带。这样的地方往往多漏水层，多火山，多地震，是地表不稳定的区域，是隐患潜伏的地区[①]。

理想人居环境模式中与“龙脉”相关的太祖山、少祖山以及主山等要素均体现着场址选择对于安全因素的考虑。

2.“围护屏蔽”——场址周边的围护要素

1）围护的环境易于防卫

围合空间本身会给闯入者一种不安感，不但因为闯入者有可能随时遭到领主的攻击，而且一旦闯入，就很难逃脱。同一个围合空间，占有者和闯入者会有完全不同的感受。背依崇山俯临平原的山麓正是“看别人而不被别人看到”，易守易居的最佳地形。

2）围护的环境形成良好的小气候

围合的盆地或河谷具有良好的小气候，保持水土，调节温湿度，形成

---

① 于希贤．中国风水地理的起源与发展初探[J]. 中国历史地理论丛，1990（4）：83–95.

鸟语花香、优美动人、风景如画的自然环境。这对资源的丰富性和再生能力，以及人类维持自身的生理代谢都是极有利的。

3.“阴阳冲和”——环境要素之间的和谐之美

理想人居环境模式中的各种构成要素体现着“孤阳不生、孤阴不长”的原则，有山脉有水系，有高山有低岗。包括地形组合、景观配合，包括营建的建筑单体与环境协调统一的设计思想，这些无不体现着“阴阳冲和”的和谐之美。

《地理求真》云：“总夫山川大势而言，则水为阳，山静为阴；坦夷为阳，直逼为阴；环抱为阳，翻射为阴；面豁为阳，背伏为阴。横看则左为阳，右为阴。竖看则上为阳而下为阴，眠看则仰阳而复阴。对看则向阳而背阴。其在龙也，低平坦夷肥阔为阳，高峻起伏背瘦为阴。其在穴也，仰掌窝钳为阳，复掌乳突为阴。其在砂也，开面生凹渐平为阳，顽饱陡岸无面为阴。其在水也，园阔澄聚而平静为阳，长狭急流而动荡为阴。”比较全面形象地对场址环境中的“阴阳”进行了生动的描述[①]。

有生气的地方，是“阴”“阳”兼而有之配合得当的地方。这样的地方阴阳“要得中和”，凝聚有“生气”，则“发而生乎万物”。所以通过选择地理位置、规划地理环境使地形组合、地理景观、山水风景配合得当，选择利用一地的气温、降水、土壤、植被、山水地貌、人文景观等众多要素，使自然、人文地物以及人工营造与其周围环境相互搭配，形成和谐之美。

4.“曲水气聚”——水利万物而不争的重要作用

1）水的“聚气性”作用

堪舆学认为“气为水之母，水为气之子，气行则水随，水止则气蓄”“水飞走则生气散，水融注则内气聚”。气蓄需水止，二者是因果关系。这就是说，水流到拐弯处，近乎水止的地方，气就有所储蓄，曲水比直水好。《水龙经》中说：“水见三弯，福寿安闲。屈曲来朝，荣华富饶。”水量足的场所一般代表着“生气”旺盛。

2）水的“交通”“设险”作用

《平洋全书》说：“依山者甚多，亦须水可通舟楫，而后可建，不然只是堡塞之处。”可见，水除作为交通载体外，亦兼有设险之利。

3）水的利害作用

经现代地球物理证实，河流因地球自转形成的偏向力，加之河床岩性差异与地表起伏等原因，即使原为平直的河道，最后也会形成河曲。凸岸

① 于希贤．中国风水地理的起源与发展初探[J]．中国历史地理论丛，1990（4）：83-95.

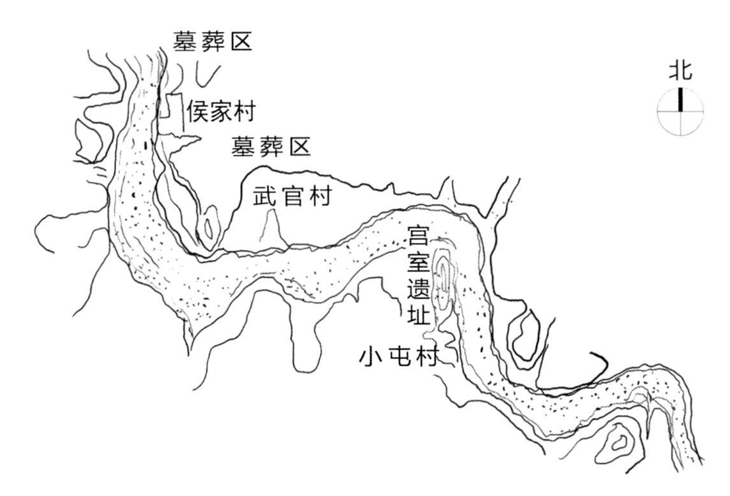

图 2-2 安阳殷墟选址

堆积成滩，而凹岸则不断淘蚀挖涤导致坍岸。显然，选址在河曲凸岸一侧（即水环抱三面的岸上），远比选在凹岸（即河流反弓的一侧）要有利。

图 2-2 为安阳殷墟选址，武官村、小屯村的选址均在河道的内湾处，以避免河道外湾潜在的安全隐患。这种河道周边的村落选址，体现古人择地时“趋利避害”的完美智慧。

5.“相土度地”——选择适宜建筑营造的地质条件

建筑的营造离不开较好的地质条件，探寻较好的地质、分辨土质的优劣离不开古人“相土度地”的智慧。

春秋时建的阖闾城（今常州）是通过伍子胥“相土尝水”而后决定位置的。东晋郭璞建温州城，“初谋城于江北，郭璞取土秤之，土轻，乃过江。后经权衡，则江南吉，始筑城”。相土法“以土中细不松，油润而不燥，鲜明而不暗”为佳，盖为“生气之土”。“尚以秤称土重而验之，盖土壤原有实虚，称量见古书”，其法为“入土实一斗，称之，六七斤为凶，八九斤为吉，十斤以上大吉。”经今日地质勘探证实，现温州城地质情况也确乎优于江北，土容重大，密实度高，承载力高，可作为合理的持力层，可见，以论土轻重而判断优劣，自有其科学道理[①]。

现代城市规划建设中所依据的地质勘察报告，也证实了中国风水“相土”之法的科学作用。

① 亢羽，亢亮．中国建筑之魂：中国风水学与城市规划学[J]．资源与人居环境，2004（9）：30-35．

6.“象天法地”的人文美学

理想择地模式所形成的良好景观，常具有以下特点[①]：

1）围合封闭——体现“道家隐逸思想”

群山环绕，自有洞天，形成远离尘世的桃源秘境，这与中国道家的回归自然、佛家的出世哲学、陶渊明式的乌托邦社会理想及其美学观点，以及士大夫的隐逸思想都有密切的联系。

2）中轴对称——体现“儒家礼制”

以主山、案山、朝山为纵轴，以左辅右弼的青龙山、白虎山为两翼，以河流为横轴，形成左右对称的风景格局或非绝对对称的均衡格局，这又与中国儒家的中庸之道及礼教观念有一定的联系。

3）富于层次的纵深感

主山后的少祖山及太祖山，案山外之朝山，左辅右弼的青龙山白虎山之外的砂山，均构成重峦叠嶂的风景层次，富有空间深度感。这种风水格局的追求，在景观上正符合中国传统绘画理论在山水画构图技法上所提倡的“平远、深远、高远”等风景意境和鸟瞰透视的画面效果。

4）富于曲线美、动态美

笔架式起伏的山，金带式弯曲的水，均富有柔媚的曲折蜿蜒动态之美，打破了对称式构图的严肃性，使风景画面更加流畅、生动、活泼。

由以上可以看出，理想人居模式所蕴含的众多科学道理，“龙脉”与安全、围合与气候、“阴阳”与协调、相土与地质、人文与美学，等等，这些择地思想均代表着古人对理想居住地最完整的要求，体现着古人的择地智慧。

7. 近现代对于理想人居环境的研究

上述传统营造智慧背后的要素与现代建筑场地要素是基本相同的，现代建筑场地分析要比古代更加全面详尽和科学严谨，比如场地选址的地质（地形地貌、地质构造、水文地质、地震状况）、气候（风向、风速、气流图等）、日照（日照时数、日照百分率、太阳方位角等）、气温、降水等都是要考虑的重要内容。

如何在现有的自然环境中进行择地，选择最佳的栖息环境，以及最大限度地改造和利用现有环境体现着人与自然和谐的深层次思考，人、建筑、山、水、土壤、风、空气等形成了良好的生态系统，人与生存在这个环境空间中的其他一切事物一样，只是这个良好生态系统中的一个受益者。自然环境在为人类提供舒适健康环境的同时，也在维持着自身良好的生态平

① 王其亨．风水理论研究[M].2版．天津：天津大学出版社，2018.

衡，从某种程度上说，这个环境就是一个养生空间。环境滋养着居住于其中的人，也同样滋养、造福其中的一切其他生命与物体，如山，水、石、木等；反过来，这些构成生态环境系统的组成因子也对维持环境起着积极的作用。这样又构成了一个生态自反馈、自适应系统，形成环境与构成因子之间相互依存的有机养生环境。

现代人居理论也是正在发展、正在完善过程中的理论。在探讨环境营造的时候，不妨回头审视一下传统环境，以及无意识的，非刻意的，良性的养生、益生环境营造和择地智慧对我们的启迪。在古代，受限于建造工艺，人们改造自然环境的能力和技术有限，在建筑营造前的择地观念更多的是在已有的自然环境中“选择”更为适宜的环境场所，更多体现的是“选”的智慧。

在近现代，科技水平取得了飞速发展，包括建筑营造相关的建造技术发生了翻天覆地的变化。很多之前因为技术条件限制而被动接受的制约条件，在新时代成为可能（如在较弱的地质承载力的环境下采用桩基础形式，或在绿化较弱的地区进行人工种植等，如表 2–1 所示）。可以预见，随着建筑、结构、给水排水、暖通、电气等各专业技术的飞速发展，自然环境对于择地的限制将越来越小。运用科学技术手段，更多体现的是对自然环境“改”的智慧。

传统择地与现代择地观念的关系 表 2–1

传统择地		传统择地的技术应用	现代择地	现代择地的技术应用
类型	“龙脉连绵”	查看山体的连续走势及山石品质	地质灾害防治及分类	滑坡、泥石流、崩塌等地质灾害分析
	“相土度地”	称量法，以土轻重论吉	工程地质勘察报告	地质、承载力、采空区等
	“藏风聚气”	保证建筑前明堂开阔，并选择适宜的场地高度	区域风玫瑰等	风频、风向、风速等
	“阴阳冲和”	结合当地日照强度，选择合适的建筑朝向	日照分析软件等	日照分析软件、室内照度计算、人工照明系统等
	“植被繁茂”	选择绿化良好的环境	人工绿化	屋顶绿化，垂直绿化
	“曲水气聚”	选择好的水质、合理的位置以避免水患等	水文报告	枯水保证率、防洪等级、水质监测

虽然技术层面上，这种建筑场所的限制在减少，但人们对于理想人居环境所关注的基本构成元素的追求是没有改变的，这种对于人类生存本质的需求和思考从古到今，乃至未来都不会改变：干净清洁的水、安全可靠的建筑本体、洁净舒适的通风、充足的日照以及良好的绿化景观等，这些因素均体现着理想人居环境的核心本质。

以吴良镛先生为代表的众多专家与学者对于理想人居环境的分析和思考，充分运用了现代的城市规划设计与择地实践，充分体现着“人与自然和谐共生”的设计理念。低碳、节能环保、绿色建筑等成为新时代的发展方向。

第二节
天人合一的宇宙自然观

天人合一：
（1）天是古代知识和思想的终极依据；
（2）天地是规范而有序的空间；
（3）天地、社会、人体是同源同构的。——葛兆光《中国思想史》

《礼记·乐记》有云：“天高地下，万物散殊，而礼制行矣。”《礼记》中的这句话已经点明，礼仪是中国传统社会秩序的基石，上至与天地沟通，下至社群秩序与个人修行，“礼”对传统社会生活的方方面面都作出了规范。今日谈及“礼仪”，更普遍的认知是礼仪作为“规范”的一面，事实上，礼仪诞生之初是对天地和祖宗的祭祀仪式。“死生亦大矣”，对死亡和未知自然世界的敬畏催生了祭祀之礼。祭祀之礼是人们与自然、神灵、鬼魂、祖先、繁殖等表示意向的活动仪式，而举行这些活动自然需要相应的场所——即最早的礼制建筑：坛庙。坛庙最早用于祭祀自然神，包括天、地、日、月、风云雷雨、社稷、先农、五岳、四海，等等。同时对自然神的崇拜也与传统社会对自然的认知紧密结合在一起。在与自然神的沟通和与之对应的建造活动中，中国古代社会讲求天人合一，通过对天文的观测，力图使祭祀建筑与天文观念相对应。“仰则观象于天，俯则观法于地”，在天人合一的宇宙观影响下，中国古代社会认为人与自然是一体的，人与自然中其他要素处于同一范围下的同等层级与地位，即“物我合一”的自然观。这与欧洲文明中人与自然的对立关系截然不同。

在诸多影响中国传统建筑发展的观念中，“天人合一”的思想是最根本的。传统社会的礼仪制度起源于祭祀之礼，祭祀之礼源于远古时代对于无法预测的大自然和苍茫宇宙的敬畏。商周时代到春秋战国，国运兴衰和人事征战与“天”逐渐联系在一起，这种对无法把握的宇宙主宰的崇拜，建构起以天人关系为基础的宇宙观，并且形成“天命”“天意”等一系列概念，统治者也把顺应天命作为统治合法性建立的理论基础，并且试图使人间的秩序模拟天体的秩序，以建立一个完整、有稳定运行秩序的社会模式。

/ 一 /
天人合一的宇宙观

对于“天”的崇拜对建造活动的影响有两方面：一是中央、地方或是村镇最重要的建造活动是建造一个与天对话的场所，也就是上古时期的祭坛，后来的坛庙建筑。二是在城市的建设方面，力求与天体秩序对应，逐渐发展出一整套与阴阳风水联系在一起的规划原理，并且在封建社会的发展过程中，与宗法制度紧密结合在一起，对古代都城和建筑群的建造具有重要指导意义。

象天法地的思想反映出古人时空一体的规划思想，追求的是“天地对应”的空间秩序，都城居于“天地之中”，其规划布局上应群星，下合山川，并与历法相关联，实现了对空间和时间的组织。秦咸阳、汉长安的规划集中体现了“象天设都”的规划思想。

对于中国古代建筑来说，对“天圆地方”宇宙图式的模仿最为常见，并且逐渐形成了两种布局模式：一种是方圆叠合的类型，如明堂辟雍；另一种是北圆南方的类型，如天坛与地坛。

1. 北京天坛

在封建社会的发展过程中，举行祭天之礼的建筑也不断发展，例如明清时期的天坛就是极为重要的祭祀建筑（图 2-3）。

北京天坛位于北京外城南部永定门内大街的东侧，与先农坛分列全城的中轴线两侧，东西对峙，系明永乐十八年明朝迁都北京时所创建。北京天坛占地面积是紫禁城（故宫）的 3.7 倍，达 273 万 m^2，有内坛、外坛两重垣墙，主要建筑有祈谷坛并祈年殿、圜丘坛、皇穹宇、斋宫等，规模宏伟，富丽堂皇。天坛是明清两朝皇帝祭天与祈祷丰年的地方（图 2-4、图 2-5）。

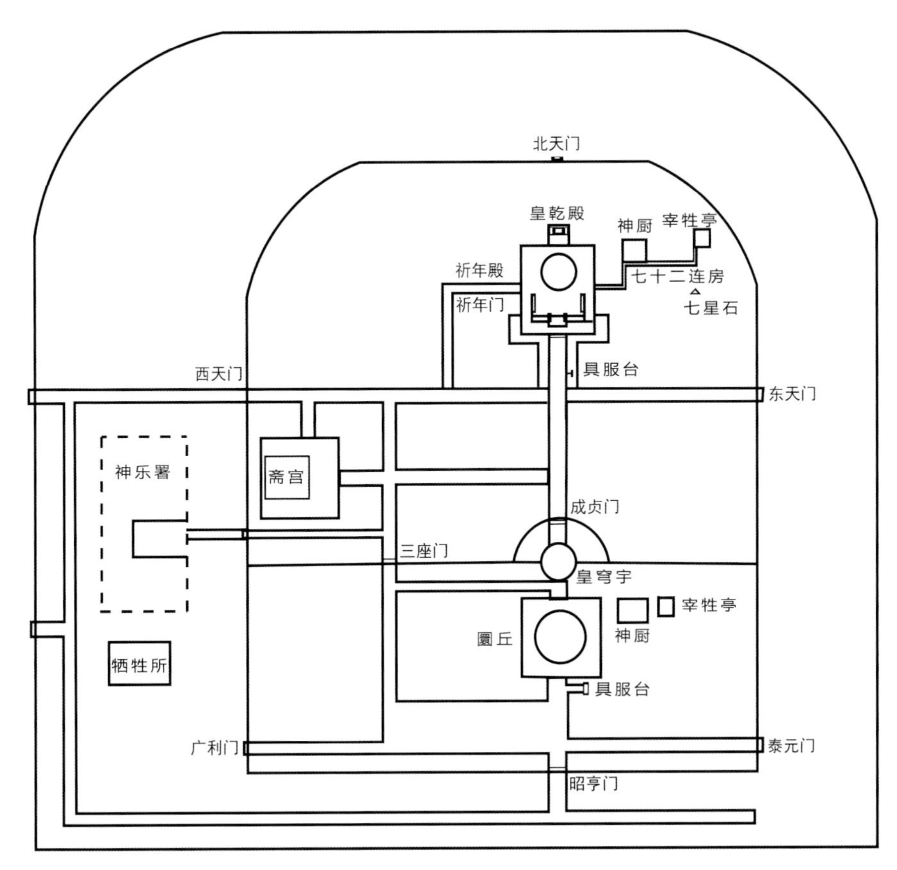

图 2-3 天坛平面图

图 2-4 天坛正立面

图 2-5　天坛回音壁

天坛的建筑，按使用性质分为四组。在内围墙内，沿着南北轴线，南部有祭天的圜丘及其附属建筑；北部以祈祷丰年的祈年殿为主体，附以若干附属建筑；内围墙西门内南侧是皇帝祭祀前斋宿的宫殿——斋宫；外围墙西门以内建有饲养祭祀用的牲畜的牺牲所和舞乐人员居住的神乐署。其中圜丘和祈年殿是全部建筑的主体。

封建帝王对于天坛的建筑设计有着严格的思想要求，最主要是在艺术上表现天的崇高、神圣和皇帝与天之间的密切关系。例如，圜丘、皇穹宇、祈年殿平面都为圆形，内外围墙和祈年殿、圜丘间的隔墙做弧形，附会了古代“天圆”的宇宙观；圜丘的石块与栏板数目也附会天为“阳”的奇数或倍数，并符合“周天”360° 的天象数字；而祈年殿内外三层柱子的数目，也和与农业有关的十二月、十二节令、四季等天时相联系。各主要建筑用蓝色琉璃瓦顶象征“青天”。

北京天坛的建造选址、规划、建筑设计均依据中国古代《周易》阴阳、五行等学说，它将古人对“天”的想象、“天人关系”以及对上苍的祈愿表现得尽善尽美，物化了古代“天人合一”的哲学思想，充分展示了古人的建筑智慧和建筑才能。①

① 刘媛．北京明清祭坛园林保护和利用[D]．北京：北京林业大学，2009．

2. 唐乾陵

对天的敬畏与崇拜也延伸到对其他祭祀之礼的重视上，祖先崇拜也是其中的一种，因而古代皇帝对于陵寝建筑同样非常重视，将其作为推崇皇权和维护身份等级制度的一种手段。

乾陵是唐朝第三代皇帝高宗李治与皇后武则天合葬墓，位于长安西北，在八卦中属于“乾”位，而且在《周易》中，乾卦为“天”卦，各爻取龙为象。陵园立渭河之北，居梁山之巅，既禀黄土高原的敦厚磅礴之气，又揽八百里秦川之宽广辽阔。

乾陵利用梁山的天然地形营建。梁山山巅有三，而北峰最高，南侧二峰较低，东西对峙，乾陵的地宫位于北峰下。神道从南二峰之前开始，在乾县县城北约 1.5km，有东西二阙遗址，残高约 8m，为乾陵第一道门。南二峰高约 40m，巧取自然形胜以山丘为网，上有高 15m 的土阙遗址，二阙之间是第二道门的遗址。自此沿神道向北，有华表、翼马、鸵鸟各一对、石马及牵马人五对、仗剑翁仲十对、碑一对。碑以北又有东西二阙遗址，是第三道门——朱雀门，从下部残存的条石基础来看，阙身皆附有二重子阙。门内有祭祀天地神祇和陈列高宗与武则天生前用品的建筑——献殿的遗址，献殿以北即地宫[①]（图 2-6）。巍峨的梁山主峰正好成为陵丘，山脊正好成为神道，而山脊前端的两座山峰又正好成为陵园的天然门户，堪称天造地设的神奇造化（图 2-7）。乾陵将天然地形与人工建筑和谐地融合于一体，体现了中国古代哲学思想中天人合一的最高境界。

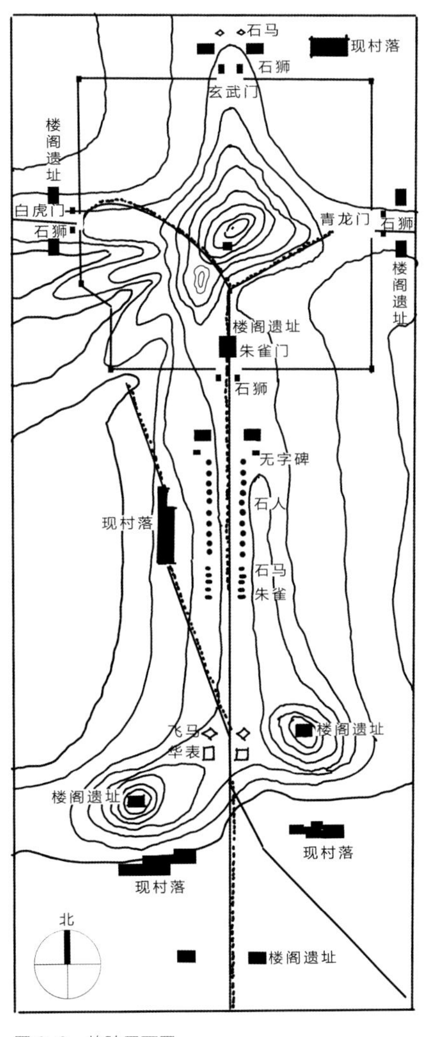

图 2-6　乾陵平面图

① 于姗姗．乾县历史文化名城保护与发展研究[D]．西安：西安建筑科技大学，2010．

图 2-7 乾陵双乳峰

/ 二 /
物我一体的自然观

中国传统的自然观深受中国传统神话体系与道家、儒家学说影响，首先体现出对于自然世界的向往与接近的渴望，因而在古代，建在高处的建筑是人们与宇宙和自然进行接触的最佳场所；其次则是在自然世界中进行建造活动时，出于对自然的敬畏与亲切情感，遵循的原则是顺应自然，做出恰当的改进，而非完全地改造自然。

从上一小节的叙述中我们已经知道，最初的礼仪建筑从祭祀天地的场所而来。为了获得与天对话的机会，就要尽可能接近天的位置，也就是要尽可能去到更高的地方，因此古代皇帝选择到泰山——古人心目中最高的山举行封禅仪式。泰山登顶，古人是为了能够在最接近“天”的场所与其对话；在我国远古文明和原始的自然宗教昆仑神话中，仙境都具有巍峨、高大、广袤的自然特征，先秦标志性的高台建筑玄圃、灵台等都体现了这种特征。公孙卿曰：“仙人可见，而上往常遽，以故不见。今陛下可为观，如缑氏城，置脯枣，神人宜可致也。且仙人好楼居。”因此有“危楼高百尺，手可摘星辰。不敢高声语，恐惊天上人”的诗句。

神话和祭祀中对高处的渲染，渐渐延伸到生活当中，登高在接近“神仙”

的过程中，获得了更加广阔的时间与空间视野，登高这项活动也逐渐成为常人观游宇宙世界的过程。有诗云“前不见古人，后不见来者。念天地之悠悠，独怆然而涕下”“会当凌绝顶，一览众山小”“遥知兄弟登高处，遍插茱萸少一人”。登高意味着视野的开阔，自然世界尽收眼底，因而心胸涤荡，有万千感慨。

1. 中国传统楼阁建筑

落霞与孤鹜齐飞，秋水共长天一色。

——《滕王阁序》[唐]王勃

昔人已乘黄鹤去，此地空余黄鹤楼。黄鹤一去不复返，白云千载空悠悠。晴川历历汉阳树，芳草萋萋鹦鹉洲。日暮乡关何处是？烟波江上使人愁。

——《黄鹤楼》[唐]崔颢

先天下之忧而忧，后天下之乐而乐。

——《岳阳楼记》[宋]范仲淹

白日依山尽，黄河入海流。欲穷千里目，更上一层楼。

——《登鹳雀楼》[唐]王之涣

“天下好山水，必有楼台收”，要获得“天人合一”的状态，就必须登至高处，观察广阔的地域与悠长的时域，才能领会世界的奥妙。故古人常于山水形胜之处造楼阁建筑以望远，与山水一起，形成了许多新的人文胜景。与诗文书画等中国传统人文艺术的密切关联是中国建筑艺术的重要构成，历代文人雅士的咏颂达到了文以景生，景以文名，跨越时空的效果。

四大名楼均有名篇传世，历代传颂，因此才能成为历史文化地标，几次毁灭又几次重修。

这种对自然世界、来去时空尽收胸怀的活动对建造活动影响深刻：古人常造楼阁建筑以望远。最耳熟能详的诗句当属“欲穷千里目，更上一层楼”“昔人已乘黄鹤去，此地空余黄鹤楼。黄鹤一去不复返，白云千载空悠悠”，等等。在这些诗句中，与之密切相关的就是中国传统建筑中非常重要的一类：楼阁。例如滕王阁（图2-8）、黄鹤楼（图2-9）、岳阳楼、鹳雀楼等，都是古代著名楼阁，凡文人墨客，登楼望远，必会游目骋怀，感念千古。这种“把栏杆拍遍”的活动其实脱胎于上古时代登高祭礼的习俗。登高望远，早先以自然的高地为最高处；随着建造技术的发展，从垒土而成的高台就逐渐演变为楼阁和塔，从而获得更加广阔的视野与心胸。

观游宇宙的精神除了促进登高建筑的发展，还逐渐影响了中国传统社会对于自然的认知观念。中国传统建筑把自然看作学习与融合的对象，而

图 2-8 滕王阁

图 2-9 黄鹤楼

非二元对立。最为耳熟能详的莫过于“道法自然”一说。中国人把“天”看作最高的施礼对象，并以“天人合一”作为政治与生活的最高理想，从这时起，“天”所代表的宇宙和自然虽然神秘，但并非“人”的对立，当最高的目标是与之融合，面对自然与之和谐共处、不分你我的观念也就不足为奇了。在 17、18 世纪欧洲园林建筑发展之时，正是浪漫主义思想兴起的时代，这时许多的欧洲园林都把东方的园林作为参考学习的对象。如果以浪漫主义表述中国传统建筑对于自然的态度，这种传统可以说早已有之。最典型的早在孔子“知者乐水，仁者乐山”的经典名言中就有表述。

2. 韩城黄河龙门理景

在韩城黄河龙门理景的处理中，地处黄土高原地区的晋陕黄河龙门风景显然不是以植物景观见长。在特有的黄土背景下，两岸禹庙形成了错落层置的亭台楼阁，但这种“建构成景”的特点在于，其并不仅仅反映了建筑物本身的艺术美感，而是依托于不同地形空间的不同构筑物，在彰显其各自气韵的同时，组合形成了有机协调的禹庙风景建筑群。不同构筑物的气韵有赖于其所在地形空间的底蕴，而禹庙风景建筑群的和谐生动则仰仗于其所在的一套丰富多彩的地景空间系统（图 2-10）。这里的建筑成了关于自然的环境秩序和关于人的文化秩序两者之间的媒介，而如何将这两种秩序合而为一，形成一个新的环境整体，实现一种“人居于大地”的新秩序和意义，就成为风景营造中建筑设计的另一个重要价值所在。历史上的风景营造家们，并不以建筑本体作为风景规划设计的追求，而是在

图 2-10　龙门山全图

执着寻觅一种人与外在环境的整体栖居关系，并将其落实在空间组织过程中——他们在现实的大地上游走、观望、体察，风景场所“虽别内外，得景则无拘远近”，“极目所至”，山水皆为我用，皆入我心，身虽在此，观却于外，心中逐渐涌现出一套以人的“此在”空间为中心向周边拓展，超越基地范畴，更为宏阔的地景空间的“心象”山水和“文态”格局。在有限的基地空间内，通过微观建筑的方式，将建筑本身的人文秩序和向外拓展的宏观环境秩序反映出来，更融糅起来，形成一个新的风景格局，就成为建筑设计的要义和本土风景营造的追求，这即是明代计成在《园冶》中提到的“巧而得体”。

3. 杭州西湖

同样的环境塑造观念还出现在西湖景观处理中。西湖景区作为闻名中外的地点，既有天赐之美景，又有巧夺之人工。杭州地区历史悠久，由于优越的自然条件，自古以来就盛产粮食，居民富庶，尤其到北宋时期，杭州已经是东南第一等大城市。随着经济发展，西湖的建设也逐渐成熟，南宋时期西湖园林建设达到了顶峰。吴山、北山、凤凰山、环湖景区在自然风貌的基础上更多地附着了人文景观；御园、私园主要分布于环湖、凤凰山、北山景区，吴山景区则更多地体现寺观园林风貌；虎跑龙井景区以南高峰的山体、石、洞与虎跑的泉、龙井的茶相结合，主要体现山水乐趣和茶、泉文化；灵竺景区历史久远，主要体现寺观文化，在山地园林中以寺观园林的风貌呈现，同时结合灵竺景区的自然风貌和佛寺造像、摩崖题刻等人文景观，突出了灵竺景区的佛道文化；钱江景区、五云景区及植物园景区都重在体现自然风貌，但又各具特点：钱江景区以塔、寺结合溪涧来体现山林之趣，五云景区与钱江景区相比更具有野趣；而植物园景区则结合原有的人文景观，而又更多地以人为创造山林之趣。总体上来说，西湖风景区都是在借助自然风貌——山体、石、洞、溪、泉，再赋予其丰富的人文景观特色——御园、私园、寺观、庙宇、亭、台、塔、墓园、摩崖造像和石刻等。西湖延续几百年的建造过程，都是在尊重自然环境的基础上适当加以人工改造与点缀，于是最后呈现的效果就是人工自然互相融合，既有自然之美，又有人工之巧（图 2-11、图 2-12）。

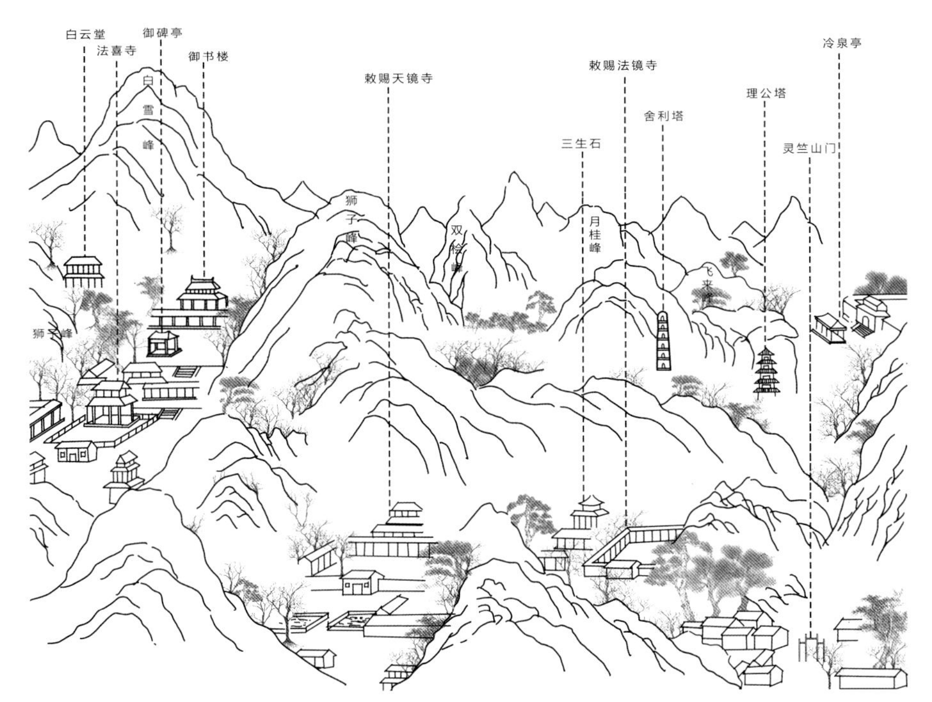

图 2-11 清代武林山图

图 2-12 西泠印社平面图

第三节

宗法礼制的影响

上一节中已经阐明传统的宇宙自然观如何影响中国传统建筑，而传统社会中贯穿上下的礼仪，逐渐内化为传统社会的文化心理，以潜移默化的方式影响传统建筑。

随着社会生产力的发展和国家的出现，祭祀之礼逐渐与社会体制结合得更加紧密。“国之大事，在祀与戎”，统治者通过举行与“天”沟通的祭祀之礼构建政权的合法性，以展示“受命于天”的正当性。历朝历代的统治者都把祭天之礼作为朝廷大事，从始皇封禅到明清北京城五坛，无一不是把祭天作为国家活动重要的组成部分。而作为合法化皇权的祭祀之礼，随着社会体制从上至下的建立，也派生到社会生活的方方面面。以尺度大小顺序来说，首先是都城的建设必须象天法地，不同建筑各司其职、各有其分；其次是宫室的建造，对应各有位置的城市格局，宫室作为统治阶层的活动场所，其布局、尺度、用材、色彩都遵循礼制的规定。

强调等级与秩序的礼制文化渐渐发展为内向的文化观念。其实“有别”的观念体现在房屋中，早有墨子“宫墙之高，足以别男女之礼”的论述。随着儒家经典在中国传统文化中逐渐占据主导地位，礼所以立人的观念也就从国家社群层面更深入个人生活。“君子慎独”，礼对于个人生活和精神世界的约束强调“内外有别”与独处的自省。中国传统住宅中的围墙与内向的院落空间，虽不能完全归因于此，但无疑这种设计手法是受到此种文化观念的影响的。而在强调内外有别的空间时，相应地促进了门屋艺术与空间序列艺术的发展，因而呈现出更多的空间布局组织方式与设计手法。

梳理礼仪与相关建造活动的发展过程，扼要来说，礼仪对建造活动的影响可以分为两方面：一方面是作为建造的直接指导原则，另一方面则内化为自然理念和个人精神观念。礼仪作为直接的功能需求，首先催生了举行仪式活动的礼制建筑，如历代举行祭天之礼的坛庙；随着礼仪的发展，又涉及生活的方方面面，对等级与秩序的要求又对建筑的布局产生了举足轻重的影响，如祖宗先贤祠庙、寺庙、书院、住宅等。在观念层面，礼仪作为关键的影响因素，构建起中国古人物我一体的自然观和内向的精神世界。作为观念的“礼”在建造活动中虽然不作为直接的功能需求和建筑设计指导原则，但是正如“意匠”二字所指，作为“意”的礼仪在建造活动则化为更抽象的影响因素，如“虽由人作，宛自天开”的理景理念和以围墙、内向院落为主的空间组织手法。因此，对中国传统建造中关于“礼仪”智慧的研究，在调研案例选择上，需要从以上两个方面入手，才会不失偏颇。在调研对象的地域范围和时间跨度上，由于礼仪对建造活动的影响因地域与时间不同有不同的派生，故而应尽可能做到涵盖具有代表性的地区和重要的发展时间节点。在对调研对象的阐述与分析中，以礼仪本身和其影响建筑尺度层级为叙述顺序次第展开。目录并非完全遵照礼仪的发展时间顺序，为更好地展现传统建造中礼仪的影响，叙述的主体实际上是二者的结合，故而选择由广而狭、由著而微的叙述顺序，以更具建筑逻辑的方式呈现礼仪对传统建造活动的影响。

/ 一 /
主从有序的组织布局

从古代传统建筑追求天人合一的思想已经可以看到，在对都城和重要建筑进行规划设计时，古人想方设法使建筑与天体的位置和秩序相对应，以强化“正统”“等级”“秩序”等概念。随着封建社会对儒家思想在社会生活中的强化，“天人合一”“阴阳五行”等带有神秘主义色彩的思想又与儒家思想结合在一起。儒家提倡周礼，这与“天人合一”的思想在源头上不谋而合，因而二者的结合就使得礼仪规矩自然而然地转移到与社会等级秩序的紧密结合。要想强调和凸显宗法之制，实体的建造活动无疑是重要的一环。森然有序的王城和气势恢宏的宫室都遵循礼法而建立，反过来，这些规划有序的建筑又将强化礼仪带给人们的规范作用。

中国古代传统社会形成了一套完整的宗法礼制，其抽象的核心思想就是天、地、人。所以在皇权、宗法、社会、人际等关系之前，有着至高无上的主宰——“天”，自然界的日、月、星辰、雷电、风、雨和重要的山河，都统治着人间的旦夕祸福。其次，崇尚祖先也是宗法礼制的一个重要内容。为了表示皇权、祖先及天地之间的联系，古人修建了许多祭祀性的建筑，并制定了一套与之相适应的建筑制度。

1. 隋唐长安城

隋唐长安城是我国封建社会都城史上的一个里程碑，它以规模宏大、规范整齐而著称，也深刻地影响着此后封建王朝都城的建置，其间所包含的都城规划布局思想也非常丰富，成为现代学者研究的重点之一。其中不仅包括有对《考工记》建都思想以及中轴线、“象天设都”等思想的运用，

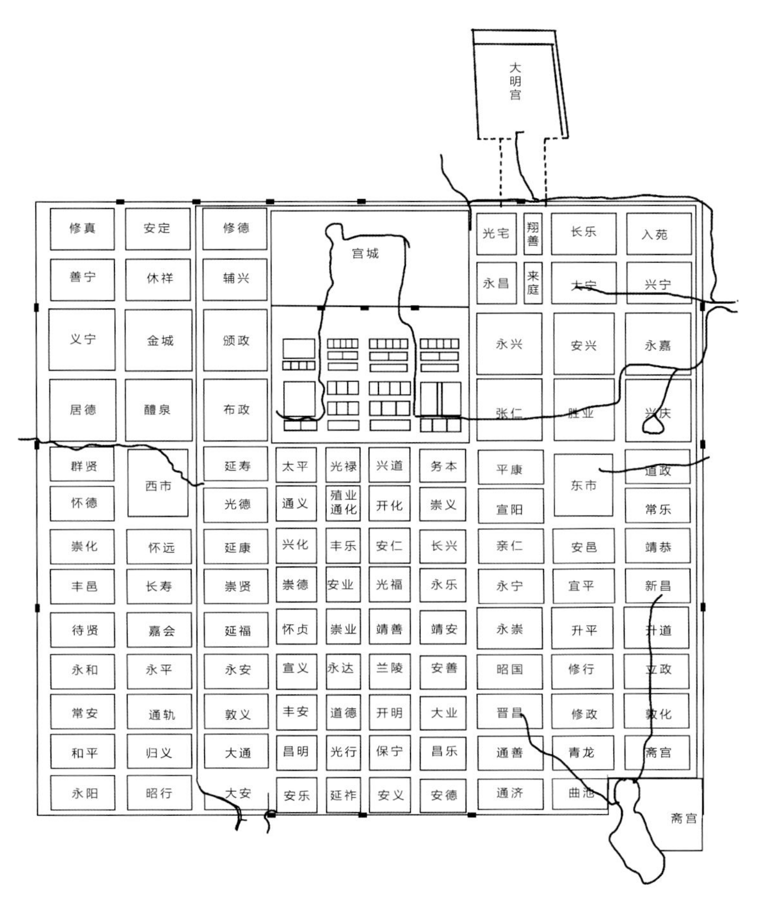

图 2-13 隋唐长安城图示

同时也借鉴了曹魏邺城和洛阳城的建城思想，并包含了对长安城内六爻地形的合理利用等（图 2-13）。

《考工记》中关于都城建设的记载是中国古代社会营建都城时所遵循的主要原则和标准。其记载的主体部分是："匠人营国，方九里，旁三门，国中九经九纬，经涂九轨，左祖右社，前朝后市。"[①] 它的大意是说，建造国都，要呈正方形，每一个方形面长九里；东西南北四面各开三个城门；国都之中要有纵横笔直交叉的东西向和南北向的道路各九条；道路要有九条轨道宽；左面即东面建祖庙，右面即西面建社稷坛；都城的宫殿朝拜之地在城的南部，商品交易的市在城的北部。隋唐长安城的外部形制是一个规整的南北长东西短的长方形，虽然不是正方形形制，但也基本上符合国

① 张道一．考工记注译 [M]. 西安：陕西人民美术出版社，2004.

都“方九”的要求；长安城的四面城墙上，每面都开有三个城门，隋唐长安城外郭城的建筑符合《考工记》的规则，城中有东西向大街十一条，南北向大街十四条，也带有“九经九纬”的痕迹；隋在皇城的东南隅设有宗庙，皇城的西南隅建有社稷坛，这是“左祖右社”的表现（图 2–14）。

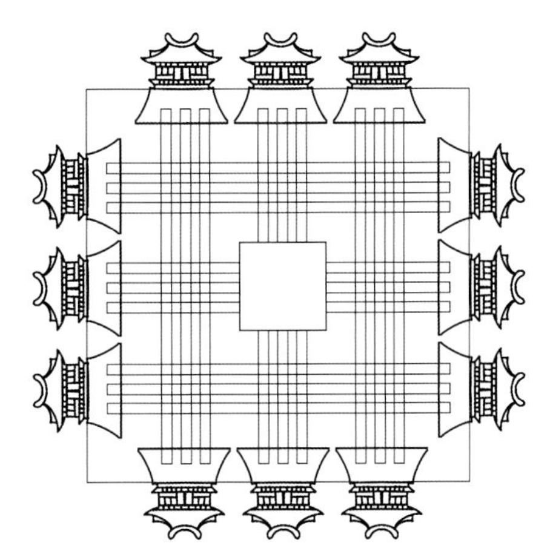

图 2–14　《考工记》理想王城模式

中轴线建城的思想，在中国古代便已经产生，其突出的特点是中轴线纵贯全城，两边建筑呈对称状分布。从各时期长安城图中我们均可以看出长安城规划布局的齐整，尤其可以看出以玄武门—承天门—朱雀门—明德门为轴线的对称式布局。这条玄武门—明德门的朱雀大街纵贯南北全城，从宫城中间至皇城中间又到了坊里中间。皇城之中，沿着承天门—朱雀门路，两边署衙机构也是对称分布。里坊也是如此，朱雀大街皇城以南的部分整齐地分布着四列里坊。从这里我们可以看出，长安城是以南北玄武门至明德门所在的朱雀大街为轴线的对称格局，无论宫署衙门和里坊市场，还是城门，都呈对称分布。

“象天设都”是中国古代社会在建设都城时经常用到的规划布局思想之一。宇文恺在营建新都的过程中，把宫城置于都城北半部的正中间，由皇帝居住，象征天上天帝所居住的北辰星；皇城位于宫城的外部，也位于都城北半部的中央地带，百官衙署位列于皇城之中，象征着环绕北辰星的紫微垣；外郭城环绕宫城与皇城，由整齐的里坊和东西两市组成，象征着环绕北辰星的群星。

2. 北京故宫

除了王城的建设，皇帝宫室的建造必然也要遵守宗法礼制。

北京故宫作为我国古代宫殿建筑发展的集大成者，在建筑技术和建筑艺术上代表了中国古代官式建筑的最高水平。其建筑设计反映了中国传统伦理思想，如天人合一、皇权至上、阴阳五行、平衡对称等。它也承袭了中国古代宫殿的传统形式、礼仪制度，在总体布局上最接近“左祖右社，前朝后市”“五门三朝”等儒家的理想和礼制。①

① 张伟．北京故宫的建筑伦理思想研究[D]．株洲：湖南工业大学，2010．

故宫的建筑布局具有强烈的“尚中”情结，体现在对中轴线意识的强化和运用上。在占地 72 万 m^2、大小屋宇 9000 多间、建筑面积约 15 万 m^2 的故宫中，有一条约长 7km 的中轴线，从最南端的永定门始，至景山向北的地安门。它既是故宫宫殿的中轴线，也是当时整个北京城的中轴线。中轴线的建筑设计是中和思想在故宫建筑中的具体体现。中轴线南北贯穿，建筑物左右对称，秩序井然（图 2–15）。

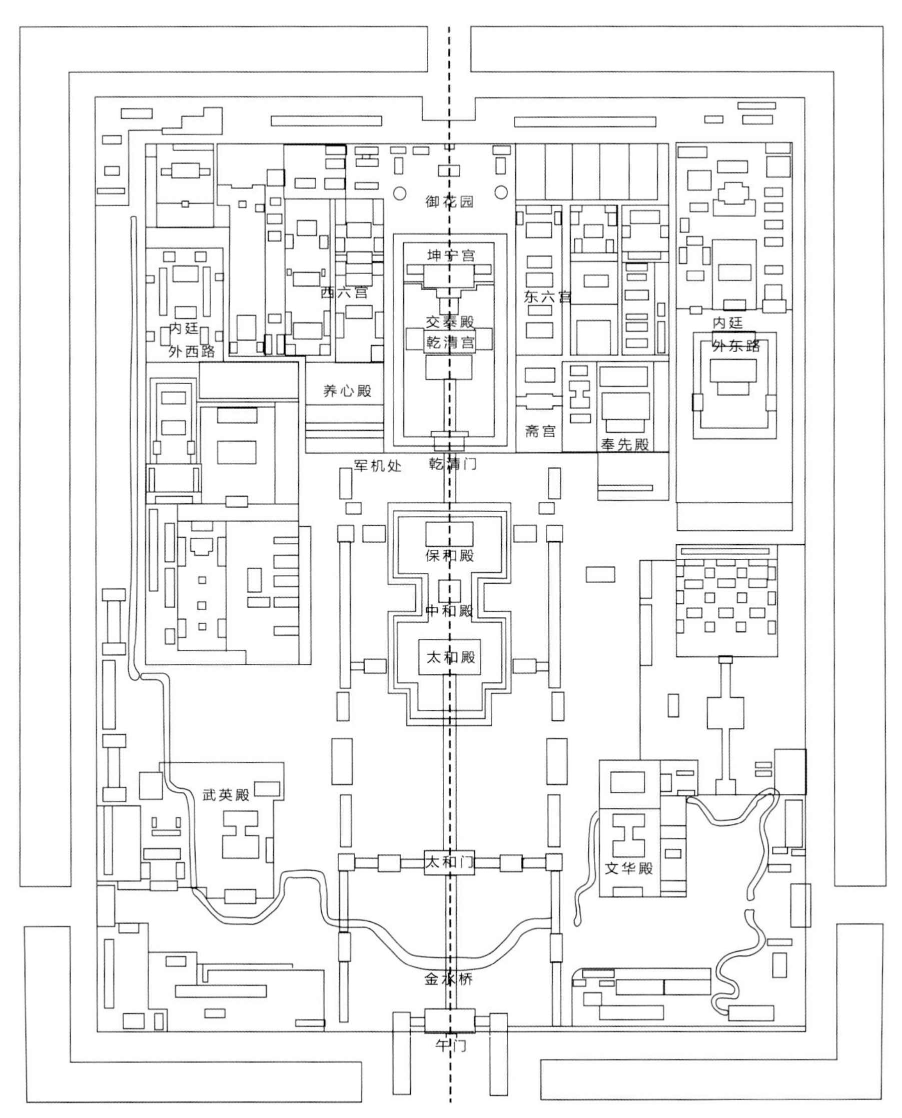

图 2–15 北京故宫平面图

据《考工记》等先秦文献记载，西周时已经形成宫殿的“五门三朝”制度。“五门”指都城正门皋门、大门库门、大门雉门、雉门内的应门和宫殿的前朝后寝之间的路门。“三朝”指三个广场，即宫城雉门前的外朝、应门内的治朝和路门内的燕朝。五门三朝的格局同样应用在北京故宫的中轴线上。

3. 曲阜孔庙

中国传统社会集体生活的规范在于宗法的约束性，因而宗庙建筑更需要强调礼法的存在。这其中的孔庙就是一种重要类型。

孔庙又称文庙或夫子庙，是专门祭祀中国古代思想家、教育家孔子的祠庙。在长期的历史发展中，孔庙形成了一套完整的祭祀规格和统一的建筑形制。作为一种祭祀性、纪念性建筑，孔庙的最大特点是：它是一种由国家制度规定的、遍及全国的、统一形制的纪念性建筑。为纪念一位著名人物，在长期的历史中由国家颁布制度，全国统一建庙，这不仅在中国就是在全世界的文化和建筑史上也是独一无二的。

曲阜孔庙前后共九进院落，南起棂星门，北至圣迹殿，都被一个完美的中轴线统领。中轴线南北全长 1300m，东西最宽处达 153m。从棂星门至大成门的中轴线上，整齐地摆布着六进院落，自大成门起分为中、东、西三路，成规则、对称布局（图 2-16）。

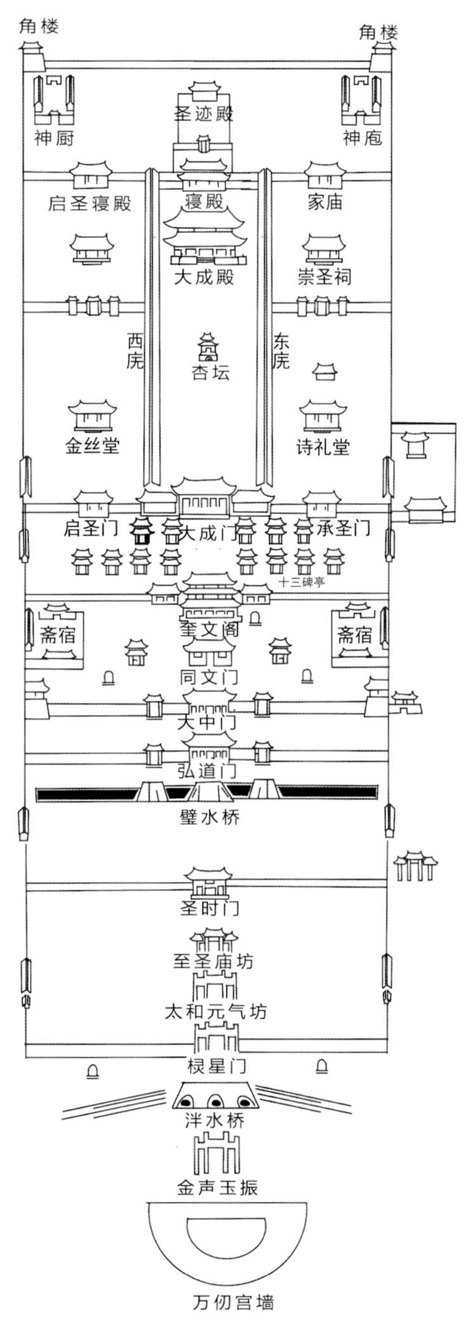

图 2-16　曲阜孔庙平面图

建设孔庙的目的是宣扬孔子

及其创立的儒家思想。因此，作为万世师表，孔子故乡的曲阜孔庙建筑也处处体现了儒家思想理论。

一是体现了中正思想。历代扩建曲阜孔庙，始终遵循一条中轴线，如德侔天地坊与道冠古今坊的对称、快睹门与仰高门的对称、明代御碑的位置对称、东西斋宿的对称、东西华门的对称、承圣门与启圣门的对称、神厨与神庖的对称等。特别是金丝堂，其本身是为纪念孔子九代孙孔鲋藏书而建的，明弘治年间扩建孔庙，因金丝堂、故宅井、诗礼堂、鲁壁等纪念性建筑均在孔子故宅附近，而孔庙西路则建筑物较少，为达到东西对称的目的，将金丝堂改建于启圣殿之前，又建乐器库以取得与诗礼堂东配房相对称的效果。宋元时期的孔庙正门称中和门，后改名为大中门，其本意亦是宣扬中庸之道。

二是体现了礼仪思想。孔子提倡人类社会应平衡于一定的等级秩序中，用一定的礼仪制度来约束人们的行为，曲阜孔庙建筑形制也充分体现了这一思想，如庙前两侧的下马碑、斋宿、诗礼堂等建筑，大量的礼器祭器的陈列，主体建筑与附属建筑的掩映相称，从祀者严格的等次排位等。所以对于曲阜孔庙来说，中轴线上的建筑最为突出，从弘道门开始，中轴建筑的两侧就有体量适中的建筑作为陪衬出现。弘道门、大中门两侧有角门作为衬托，奎文阁在十三碑亭中挺出；大成殿由东西庑来衬托，同时大成殿也高于东西院落启圣寝殿和崇圣祠，处于统领全院的地位。[①]

4. 河北正定隆兴寺

从王城宫室到家族宗庙，礼制强调社会生活的秩序性，对集体生活规范化的强调不难得出，具有集会、教育性质的公共建筑，例如佛寺、书院建筑等，都会以社会的礼仪规范作为建设的准则。

如河北正定隆兴寺（别名大佛寺），原是东晋十六国时期后燕慕容熙的龙腾苑，公元586年（隋文帝开皇六年）在苑内改建寺院，时称龙藏寺，唐朝改为龙兴寺，清朝改为隆兴寺，是中国国内保存时代较早、规模较大而又保存完整的佛教寺院之一。

隆兴寺布局严谨，层次明晰，轴线关系明确。主要建筑物布置在中轴线上，形成层层院落。佛殿的排列与佛教文化息息相关，前后顺序都有一定的原则。隆兴寺的佛殿排列格局符合佛学人物的等级次序，以佛教的竖三佛和横三佛以及佛教的修行果位为依据。隆兴寺主要建筑分布于一条南北中轴线及其两侧。寺前迎门有一座高大琉璃照壁，经三路三孔石桥向北，

---

① 彭蓉．中国孔庙研究初探[D]．北京：北京林业大学，2008．

依次是：天王殿、大觉六师殿（遗址）、摩尼殿、戒坛、韦驮殿、慈氏阁、转轮藏阁、康熙御碑亭、乾隆御碑亭、大悲阁和弥陀殿等。寺院东侧的方丈院、雨花堂、香性斋，是隆兴寺的附属建筑，原为住持和尚与僧徒们居住的地方（图 2-17）。

礼佛区的建筑群沿中轴线对称布置，所围的外部空间也相应对称（图 2-18）。建筑群与寺院围墙围合的空间形成一种四角开放的方院空间，所以各个院落之间既分又连，一方面院落有自己的围合性，另一方面院落与院落之间具有一定的连续性，没有完全封闭。这种院落关系有助于佛事活动的进行，因为皇室进行礼佛时各种侍从要有各种活动，而不只单一流线，可以说是由于功能的需求才导致了这样的院落结构。再看生活区的院落结构，各个院落都是比较封闭的，院落与院落之间除了院门之外没有空间的渗透关系。院落结构更接近于传统住宅的院落结构，具有较强的私密性和

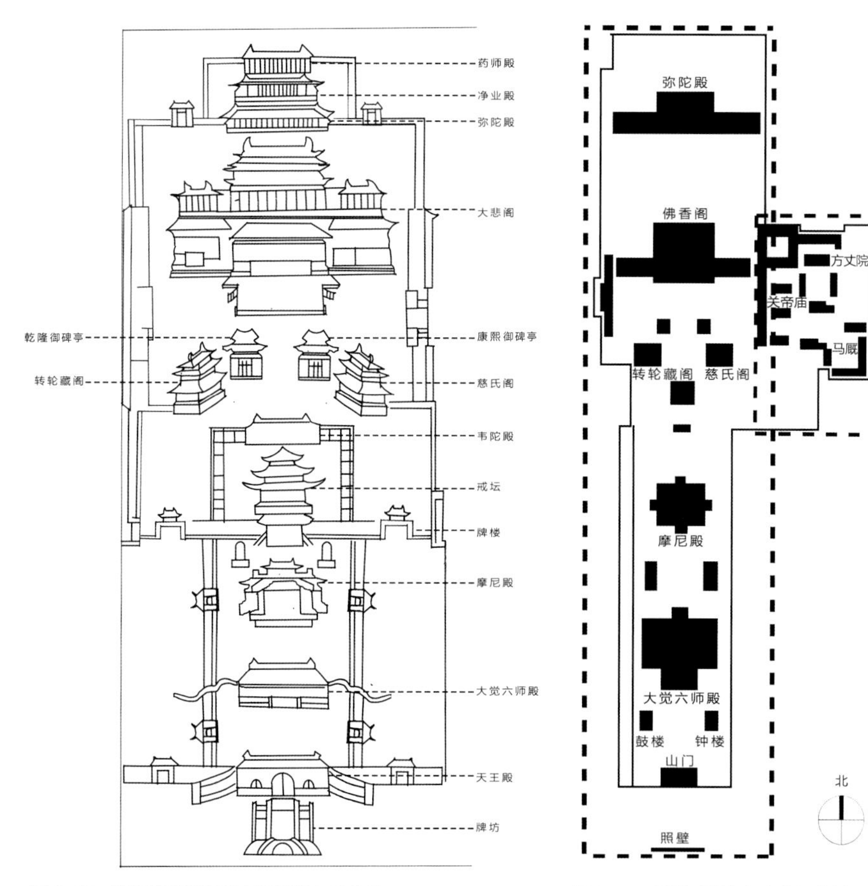

图 2-17　清乾隆时期隆兴寺建筑群布局分析

图 2-18　民国时期隆兴寺的图底关系

封闭性。这样的封闭性可以避免互相之间的干扰，方便僧人的日常生活。[①]

/ 二 /
拓扑同构的城市与建筑

在中国的城市建设与房屋建造活动中存在着一个特殊的关系——拓扑同构关系。拓扑同构关系来自于数学概念，它研究几何图形或空间在连续改变形状后还能保持不变的一些性质，只考虑物体间的位置关系而不考虑它们的形状和大小。拓扑英文词为“Topology”，直译是地志学，最早指研究地形、地貌相类似的有关学科，因而拓扑学应用在与地形、环境密切相关的建造活动中恰如其分。从拓扑的角度看，中国传统建筑从城市的组织布局到建筑群的组织布局，都遵循相似的规划布局原则与设计观念——有关礼制的种种设计原则和文化观念，因而呈现出整体相似、尺度不同、细节差异的现象。

1. 明清北京都城与故宫、四合院

最典型的案例就是北京都城与故宫、四合院之间的关系。在“宗法礼制的影响”一节中，对北京都城的建设已有介绍：各个功能的建筑各有位置，中轴作为统领的主线，其上的建筑层层递进。放大北京城的地图，把镜头聚焦到故宫时就会发现，相似的设计原则再一次出现。故宫作为皇室住宅，其尺度相较北京城已经小了很多，从功能上来说也与一个城市的需要有很大不同，而且城市建设还必须考虑相应的自然环境，故宫则因为尺度较小，可以更多地对环境进行人工改造。但是，“前朝后市”“前殿后寝”“左祖右社”“择中”等设计原则完全没有改变，不妨说，故宫仿佛微缩的皇城（图 2-19）。

把目光再聚焦到更小尺度的四合院时就会发现，虽然相比都城与皇宫，四合院的尺度已经不是一个数量级，而且建筑的数量与复杂程度也远远不能相提并论，但是仍有一种类似的气质——因为宗法礼仪带来的一些设计原则仍然出现在这里。以北京四合院为例（图 2-20），其轴线从南到北依次布置着院门、南房、照壁、垂花门、正院、北房、后院、后罩房。正院东西两侧则为厢房。四合院南房与正院对外，内院多住女眷。这种以轴线、院墙、合院划分空间层次与等级的空间模式，就如同城市与宫城的空间依序微缩而成。

① 贾轲．正定县城寺庙建筑研究初探[D]．西安：西安建筑科技大学，2015．

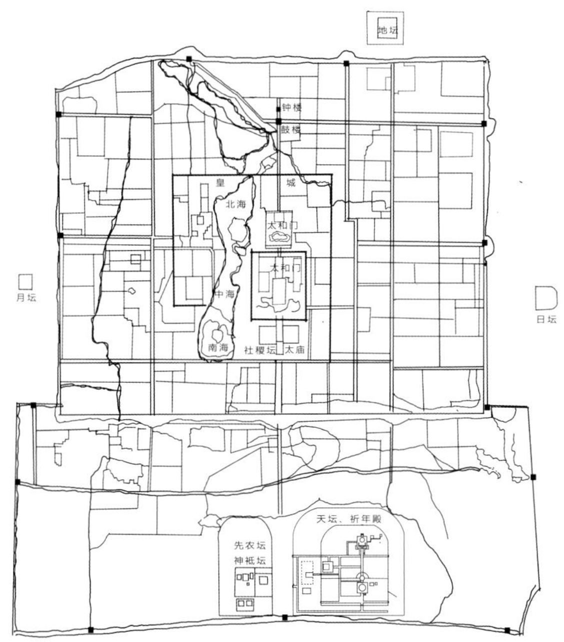

图 2-19　清代北京都城平面示意图

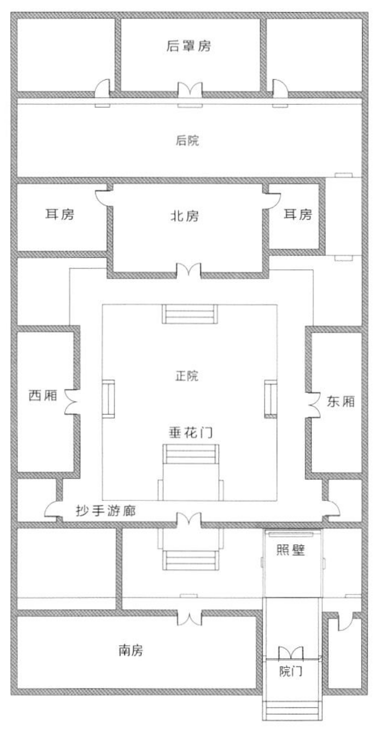

图 2-20　北京典型四合院住宅平面图

当把北京都城、故宫、四合院的平面图并置到一起时，就会发现其中的同构关系。尽管从尺度、建筑功能、具体的设计细节上来说，三者之间差异巨大，但是同构的几何关系却使得三个图示之间得以联系起来。

在历史上，中国文化注重自然、社会、人的同源、同构、互感，强调严格的等级制度和整齐划一。这些特点反映在建筑上，就是强调整体性，强调中轴线，强调对称性，在平面上多以院落为基础，进行数量的增减。中国各种建筑类型基本上都是从院落体系而来并不断发展与变化，住宅类型更多以院落为基础，由院落成排并列形成街巷，由街巷有规则地组合，形成以城墙包围规则或不规则的城市。[①]

中国的城市始终未能脱离住宅的母题，反映在两者之间，存在着某种同一关系，即城市与传统住宅（传统四合院）同构。北京四合院是以院落为基础的，故宫、庙宇寺观等是用院落围合而成的，诸多的园林也是用院落围合而成的。不仅如此，由于城墙有限定空间的作用，内城、外城、皇城亦可以看作是院落的扩大，甚至国家也可以看成由长城围合而成的院落的延伸。

① 吴良镛．北京旧城与菊儿胡同[M]．北京：中国建筑工业出版社，1994．

2. 韩城市党家村

陕西省韩城市党家村也是中国传统建筑同构现象的经典案例。相比北京都城与故宫自上而下的控制规划，党家村作为典型的聚落村庄，呈现出一种更自发的同构现象。在整体的村落形态上，由于自发性的建造规划占据主导地位，因而并未呈现出如北京都城一般各建筑各行其道、主从有序的方正格局。但是在宗法礼制思想的影响下，党家村的整体布局中仍然以宗祠为中心，村落以骨架式格局布置结构，再各自安放其他功能建筑。同时，如果观察村落内部单体建筑之间的关系，会发现控制其建筑形制最重要的因素之一——礼制——仍然起着主导作用，住宅多呈内向窄合院形式，保留基本的合院形制（图 2–21）。

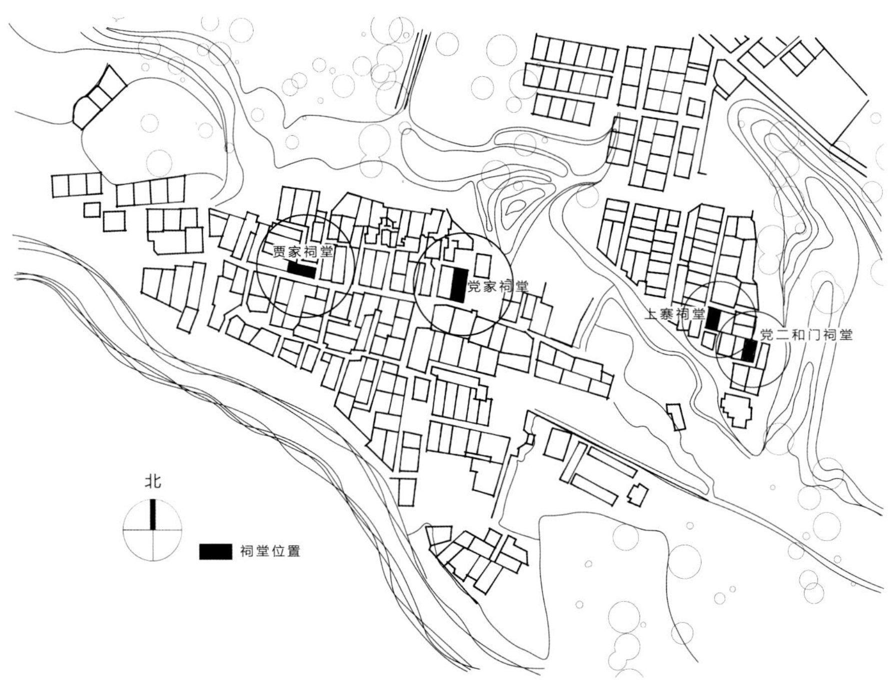

图 2–21　韩城党家村村落布局

3. 苏州园林

一个更有趣的案例是苏州园林。园林在设计构思上的自由度与自然性已经达成共识，但是其内部建筑之间虽然没有因为礼制思想而产生严格的布局关系，但是这种同构而来的思路仍然对建筑的布置有影响。建筑本身的形制并没有过多的变化，厅堂亭台楼阁的基本样貌不是设计的重点，建

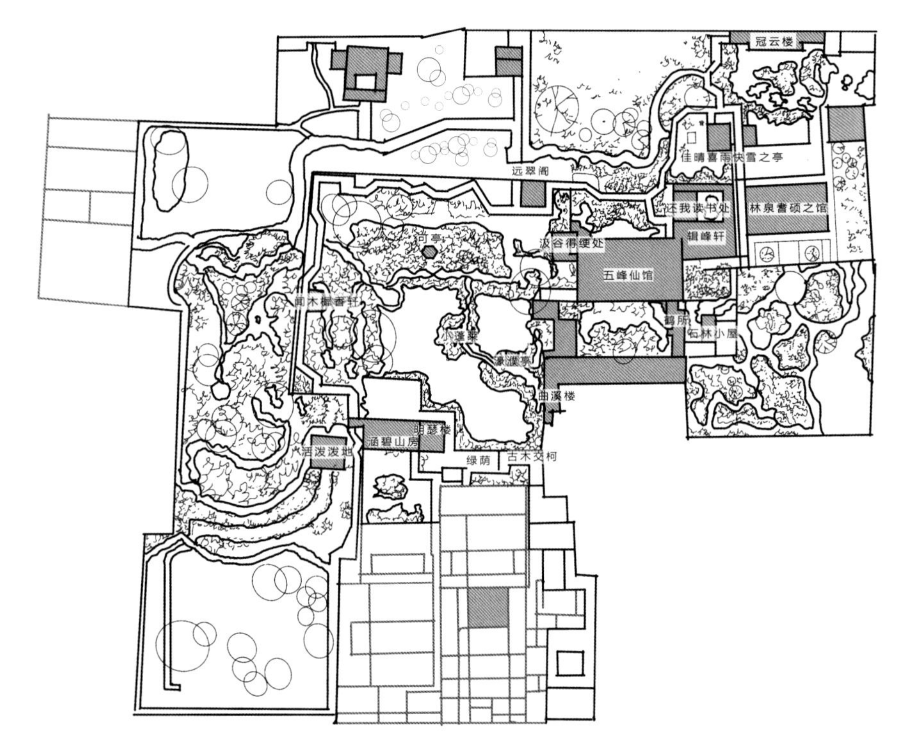

图 2-22　留园平面图

筑之间的关系、建筑与山水之间的关系才是园林建筑的重点。而在这一点上，拓扑与同构的手法就显得至关重要。从分析图中就能看到，园林中的建筑与山水有向心关系、互含关系与互否关系，建筑通过关系而非本身的变化而获得更加丰富的呈现（图 2-22）。

/ 三 /
内向的建筑空间

中国传统社会礼制中关于对宗族、家庭和个人的认识，反映在建造活动中，有两个非常明显的、使中国传统建筑区别于其他文化建造活动的特点：围墙与合院。中国传统建筑体系本质上是一系列 “墙”的体系，其在形态上呈现的主要特征是内向围合和外向接续。由墙围成的封闭空间是构成中国古代生存环境的最小单元，可以理解为“院” 。建筑群规模的扩大主要是靠这个内向由墙围合的封闭空间的外向接续，这一定程度上能反映中国固有的对时间序列的理解。[①]

无论是古典园林、宫殿建筑群、城市，还是住宅，中国的古代建筑都隐藏在高大的围墙背后，除了主要入口带有一些装饰外，整个外围往往是一堵极其普通的墙壁。要想获得中国建筑的面貌，从外墙面上基本无法获得任何信息，因为它的内部空间才是精华所在，只有进入内部游走一番才能体会到其内在精神。

内向型思维反映到建筑上形成的内向型空间形态，则促使了庭院的产生。合院式的布局，严格来说并非一种建筑设计，也不是两三个人的意思，更不是某一位大师的创见，它是一种生活的结果。也就是生活文化、生活习俗对建筑形制的影响，由此使得内向型空间意识成为贯穿中国古代建筑的主线。

这些建筑形式的背后反映的是中国传统社会中占有主导地位的儒家思想。儒家的理想社会构建中的核心内容“礼”，维系着天地人伦、上下尊卑之宇宙秩序和社会秩序的准则，礼就是秩序与和谐，其核心内容即宗法和等级制度，人与人、群与群之间均存在着等级森严的人伦礼制关系。中国传统建筑是古人创造的形体较大、与日常生活联系密切的物质产品，因而以建筑形制明辨居者之身份等级是最为简单易行之法。

在这些显见的规范之外，宗法与礼制几百年来的潜移默化已经深入传统中国社会生活的方方面面，对中国人的民族性格和精神追求都有着巨大影响。儒家的人生理想是“齐家、治国、平天下”，这三者递进而成，国体的基础即稳定、有秩序的家庭生活。而在家庭生活中，中国人的观念是“安土重迁”“父母在，不远游；游必有方”。聚落式的村庄生活就由密切关联、错综复杂的家族关系所组成。这首先营造了一种聚拢、追求平静的生活方式。

并且，古人对精神世界的追求也在“礼”的精神影响下，重视自我意识的完善和对内心世界的探索。如《礼记·中庸》有言：“天命之谓性，率性之谓道，修道之谓教。道也者，不可须臾离也；可离，非道也。是故君子戒慎乎其所不睹，恐惧乎其所不闻。莫见乎隐，莫显乎微，故君子慎其独也。”这段话表明，君子要时刻保持戒慎恐惧的状态，不让最隐微处的违背正确原则的行为显现坐实，所以修行到究竟处的君子就会非常慎重自己的每一个心念言动。魏晋名士的狂放不羁虽是才子风流，但究竟不是中国传统文化所推崇的君子之道，尤其宋明之后程朱理学大行其道，更要

---

① 劳燕青．再论“天人合一”与中国传统建筑[J]. 新建筑，1998（4）：55-57.

求人们在个人生活和日常行动中处处守礼，探索内心世界。因而在实际的建造中也就更注重建筑内部空间与外部的隔离和自我世界的营造。

从城墙到院墙：聚落、都城与宅院。

“墙”作为一个重要的建筑元素，墨子曾提到它在实际建造中的功能：“宫墙之高，足以别男女之礼。”围墙在建造活动中的应用不可谓不广泛，高高的墙可以为内部的人提供安全感，在抵御外部世界的同时，也在内部建立了自己的秩序。

在具体的建造活动中，从最早的氏族聚落分布中，内向型的空间特征就已经有所体现。在临潼姜寨遗址的复原分析图中已经可以看到，零散的单个“房子”围绕聚落中心聚拢分布，在聚落的边缘则有围墙，当然此时的围墙防御功能更强。

围墙和聚拢的内向空间在塑造中国古代城市形态方面也起到了关键的作用。中国传统都城最外围的边界首先就是高高的城墙，如西安城墙（图2-23）、南京城墙，都是城市建立过程中重要的防御性工事。防御的功能

图 2-23　西安城墙

需求与宗法礼制相结合，城之高墙也随即落到住宅上，不论是皇家住宅还是民间住宅，有一定规模的建筑，总会有高高的院墙。最显著的例子就是北京故宫，不消说皇家住宅的一个重要特征就是高高的宫墙既挡住了外面的人，又隔绝了里面的人——这时的建筑，其防御功能由外墙与水道共同完成，而墙更多承载的则是宗法礼制。这种庭院式布局以庭院作为单体建筑联结的纽带，庭院空间起到了栋与栋之间的联系作用，使得同一庭院内各个单体建筑在使用功能上联结成一体。它的突出优点就是适应封建宗法制度下家族聚居的需要，空间的聚合功能非常突出，有利于创造一种和睦、和谐之氛围，间接表达了儒家宗法伦理中"家和万事兴"的观念。紫禁城中，太和殿、保和殿、中和殿这三大殿的名称都突出一个"和"字，"和"是阴阳和合滋生万物之意，每当阴阳和谐、平衡，天地万物就能欣欣向荣地蓬勃发展，从一个侧面反映了封建统治者追求祥和昌盛、社会和谐发展的政治理想。

许多中国传统民居中可看到这种城市与宫苑之墙体现在普通人的生活当中。无论东南西北，如云南的"一颗印"式民居、北京的四合院、还是四水归堂式的皖南民居，庭院都是建筑的重要组成部分（图 2-24、图 2-25）。堪舆学中指出庭院能够"藏风聚气"，而在民居中直接与庭院相接的屋檐要求向内倾，以做到"四水归堂"，这个"聚"与"归"字都显现出内向型的空间感。在中国传统建筑中，最初的庭院，是基于群居和自我保卫。城邑出现后，庭院的外墙就是用来划分内外公私。古代的宫，本身就是尺度缩小的城，唐宋之后，城内的宫就缩小变成小组的庭院。坚实高耸的外墙阻断了视线，划分出相对安全的内部心理空间，也赋予了内部空间安全性、内聚性、向心性、等级性等多重更深的含义。

以北京四合院为例，标准四合院分为外院和内宅两部分。外院为进入大门后的首道院子，由南房、院门、影壁、内宅南外墙组成。南房是其南面一排谓之"倒座"的朝北的房屋，为书塾、客人、男仆或杂间之所。内宅南墙正中为垂花门，可自外院向前经过作为垂花门或屏门的二道门进入正院，穿过垂花门方能看清内宅房屋，此二道门为四合院中装饰得最为华丽之门，也是外院进入内宅正院的分界标志。内宅由北房、东厢房、西厢房组成，中间为院。正院正中之南向北房为正房，台基较高，其房屋开间进深尺寸均较大，为长辈所居，为内院之主体建筑，东西厢房台基相对较矮，开间进深相对也较小，常为晚辈所居。厨房于东房最南侧，厕所于院内旮旯。讲究男外女内，男女有别。男于外院南房西角，女于内宅东房北角。规模较大之四合院还有后罩房。后罩房于北房之后，一层两层不等，均坐北朝南，其与北房正房后山墙之间形成一个后院，后院为宅主人内眷或老人之所。内宅正院庭院是四

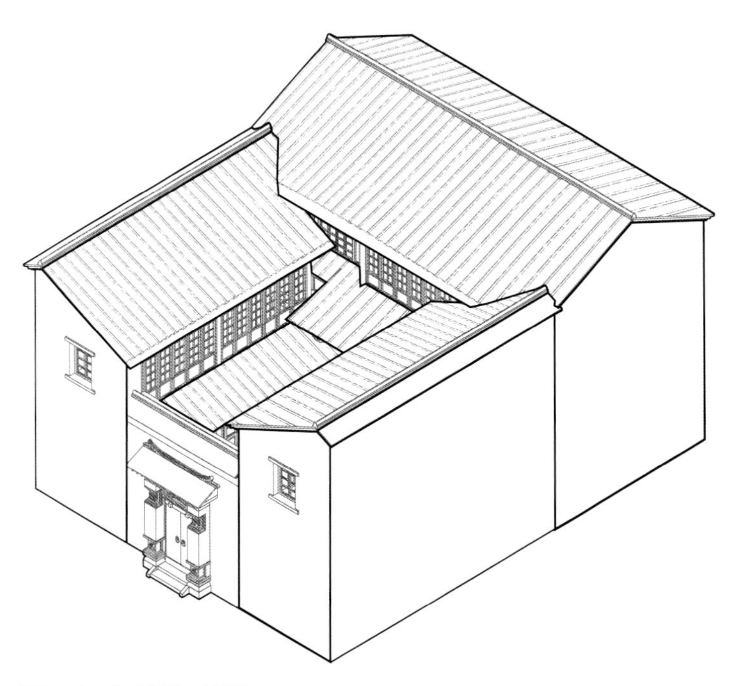

图 2-24　“一颗印”式民居

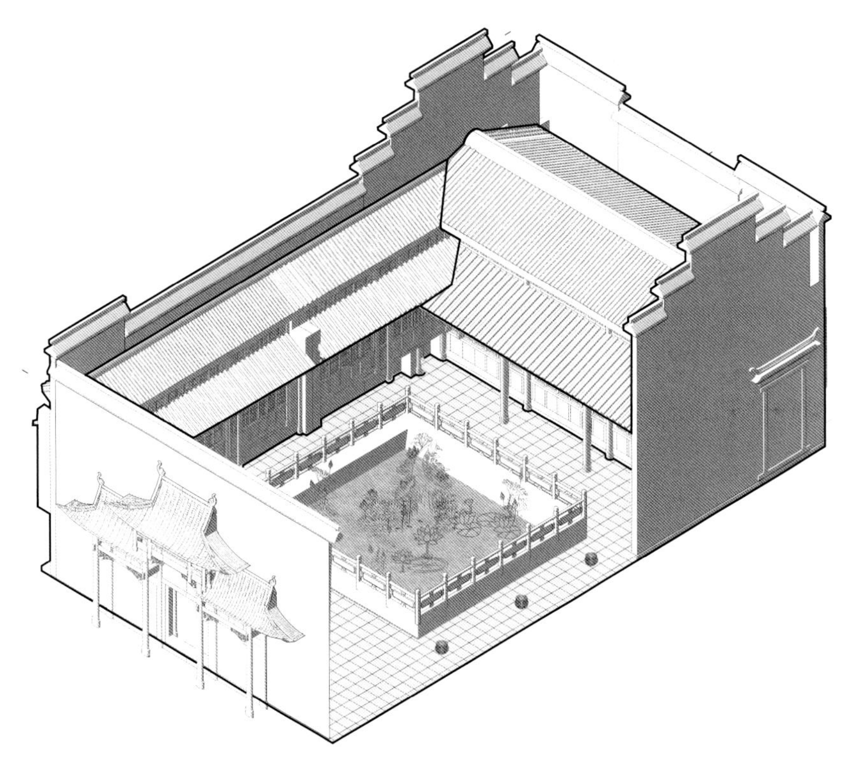

图 2-25　四水归堂式的皖南民居

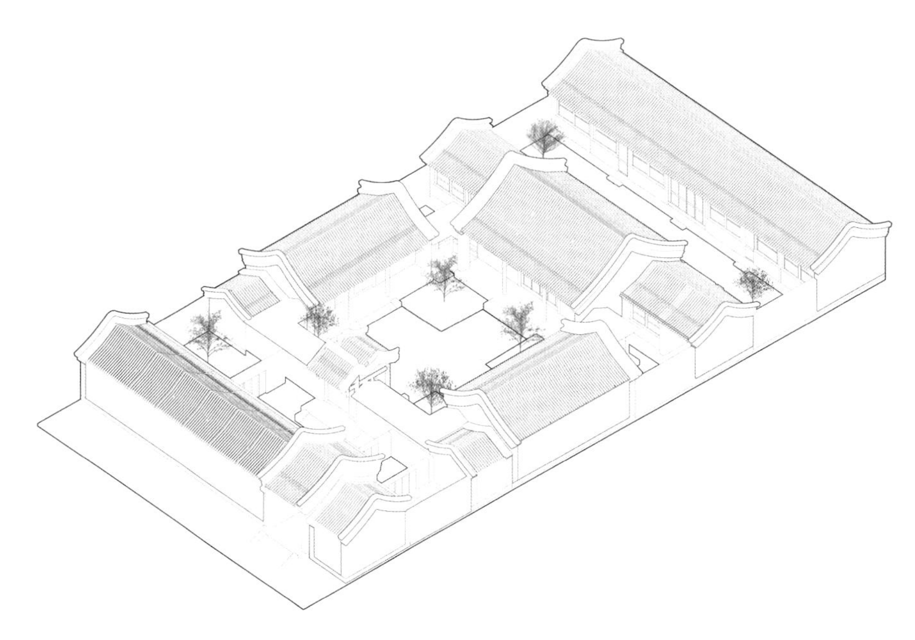

图 2-26 北京四合院

合院之中心，其内精巧玲珑之垂花门与其前面配置之盆花、荷花缸等园林小品构成了一幅生动有趣的庭院美景。北房前出廊，东西两端有游廊，垂花门、北房正房、东厢房、西厢房被游廊连为一体，既可躲风避雨防日晒，又可乘凉休憩观赏庭院景色。垂花门、正房和东西厢房以廊相接围成的规整院落成了整个四合院的核心庭院空间。四合院绿化颇为讲究，各进院落均配置树木、花草、盆景、金鱼池和荷花缸等。庭院内种枣树石榴树寓意早生贵子多子多孙；种丁香海棠象征主人有身份有文化修养。[①] 又如明清的私家园林，同样作为住宅，尽管其内部空间不像四合院等民居有据有节，但是作为个人生活的容器，它同样需要一道院墙作为内与外的分隔（图 2-26）。

/ 四 /
独特的门屋与序列艺术

以内向型空间为主导的建筑，同时还需要与外部空间发生关联。既然要强调内外有别的礼法和一个又一个封闭空间之间的秩序，进入和转换的

① 谷建辉，董睿．“礼”对中国传统建筑之影响[J]. 东岳论丛，2013，34（2）：97—100.

过程就成为建筑需要突出的重点，尤其是中国传统在水平维度尽情展开的过程中，也需要从空间序列上加入更多的变化与韵律，因而相应地促进了门屋艺术与空间序列艺术的发展，呈现出更多的空间设计手法。

首先是从外部进入建筑内部的过程，也就是前导空间的设置。这一过程又可以从建筑学的角度大致分为两类，一类是从城市环境中进入建筑，另一类是从自然环境中进入建筑内部。

1. 西安都城隍庙

西安都城隍庙位于西安市西大街路北中段，北广济街与大学习巷中部。都城隍庙的前导空间包括入口广场、商业街、庙前广场三个部分（图 2–27）。

城隍庙地处西大街，东侧与西安文理学院相邻，西侧与西京饭店相邻，因此与城市道路和建筑的关系是入口广场首先要解决的问题。入口广场中都城隍庙牌坊五间六柱跨距 25m，高 14m，尺度非常大，从西大街上穿过很容易注意到这个突出的牌坊。牌坊距西大街 10m 远，留出了足够的过渡空间，牌坊侧边的小广场则缓解了大尺度的牌楼带来的局促感，也给庙会创造了活动空间，平时多是附近居民（以老人为主）在此休息，偶有逛街累了的行人在此休憩。对于城隍庙来说，入口广场作为联系其与西大街的城市空间，可以看作是城市过渡空间（图 2–28）。

由于地理位置的限制，都城隍庙的商业街（图 2–29）距离非常短，仅 96m 长，由于四周建筑的围合南为骑楼、北为城隍庙文昌阁、两侧是新修建的厢房街道，空间狭长而

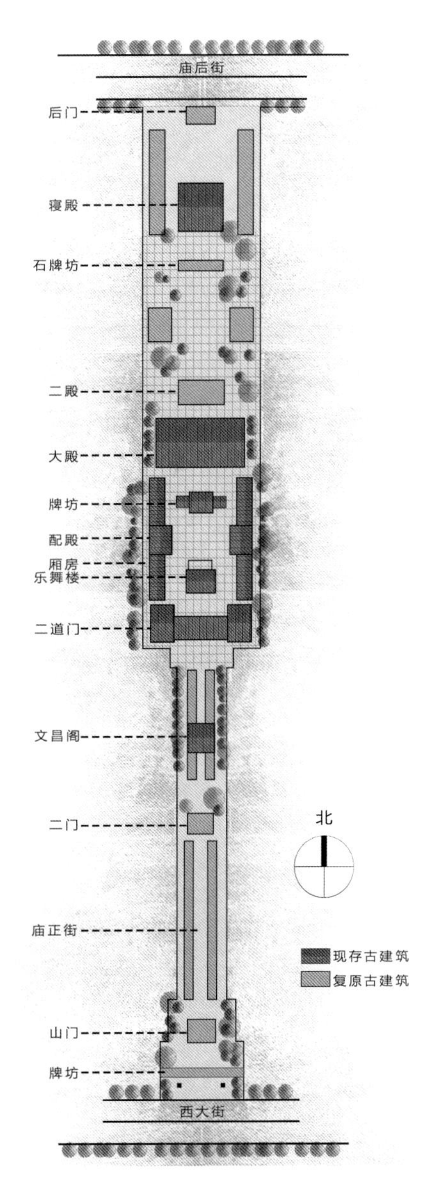

图 2–27　都城隍庙平面图

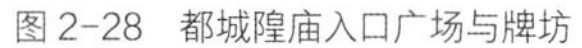

图 2-28　都城隍庙入口广场与牌坊

图 2-29　都城隍庙商业街

封闭，结合庙前广场空间考虑，其变化与寺庙建筑群的院落空间变化空间有神似之处。商业街两侧空间尺度适宜，一派传统商业街的感觉。两侧建筑采用陕西民居形式——房子半边盖，外观朴素大方。由于城隍庙地势较西大街低 2.75m，这个高差由街道的坡度来解决，于是形成了现在的商业街进深透视感，从视觉角度增加了街道的长度。

进入都城隍庙前，还要经过最后一个前导空间，就是庙前广场（图 2-30）。都城隍庙庙前广场是由山门和文昌阁为主要建筑物连同两侧商业建筑共同围合而成的一个较为封闭的方形广场。广场周围建筑较低，因而

图 2-30　都城隍庙前广场

广场显得开敞、宽阔。一座“紫气东来”的圣人宫假山位于山门正前方，成为整个广场的视觉核心，下沉的喷池吸引着游人观摩停留，同时丰富了广场景观。

这三个空间沿着都城隍庙建筑群的主轴依次串联起来，尺度多变，功能丰富，形态各异，符合游人进入的功能需求和心理变化节奏，空间韵律过渡有致①。

2. 杭州灵隐寺

灵隐寺始建于东晋咸和元年（公元 326 年），位于杭州西湖以西，背靠北高峰，面朝飞来峰，现有建筑格局是在清代的基础上修复重建。从图 2-31、图 2-32 中可以看出寺院大致上呈南北向中轴对称，进入灵隐寺的前导路径则依山呈东西向分布。可以想象在南宋时期，作为当时最为繁华的

图 2-31　灵隐寺全貌

① 贾艳．城市寺庙前区开放空间形态研究 [D]．西安：西安建筑科技大学，2007．

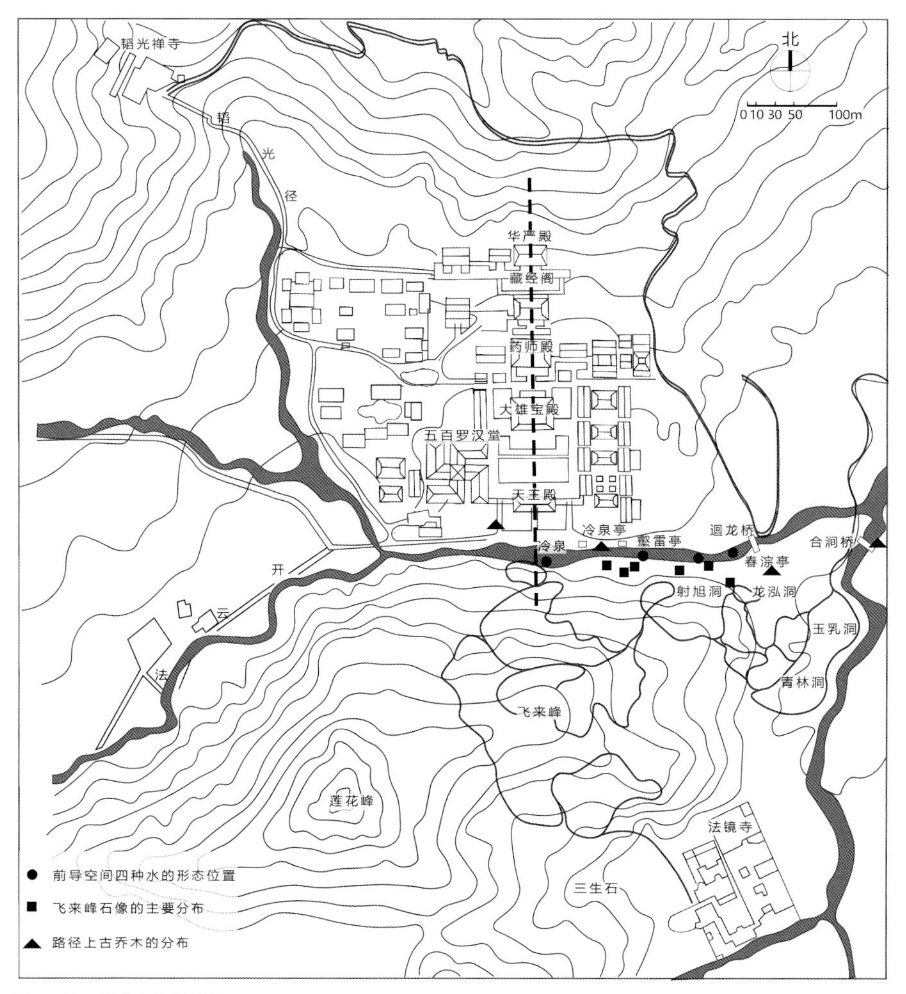

图 2-32 灵隐寺总平面图

古都杭州，信徒从大都市到山间的灵隐禅寺，五光十色的世俗生活对于感官和心理的刺激是难以迅速消退的，这是将禅寺营造成世外仙境的一大障碍，因此，群体空间的引导方式显得至关重要。

灵隐寺前导空间的氛围铺设可分作三个层级，由表及里，渐次调动游者的观感。第一层级（图 2-33）：在较长的行进路线中，古迹与古树成组设立、相映成趣，形成多处小景以激发寻幽探胜的兴致，引导香客与游人按照既定路线前行，同时在一定程度上消解古寺与人的心理距离；第二层级（图 2-34）：自东向西而去的路径中，南侧山石以点及面串起的几处古景，形成了给予游者安全感的坚实屏障。而由山石刻就的飞来峰造像则如

图 2-33　灵隐寺前的古迹与古树

图 2-34　飞来峰造像

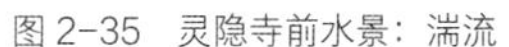
图 2-35　灵隐寺前水景：湍流

图 2-36　灵隐寺前水景：深潭

一幅由左端徐徐朝右侧铺开去的长卷画，其所渲染的宗教氛围使信徒在步移景异的观赏过程中接受教化；第三层级（图 2-35、图 2-36）：凭附地势，场地中的水要素被恰如其分地刻画为瀑布、缓流、激流、深潭等人工形态，山间清流于路径各节点处的观感与声势因而有别，人的听觉、视觉、嗅觉等感知方式被充分唤起，在暗示空间序列展开的同时更幻化为内心对宗教朝圣的神圣记忆。而且总体来看，水的形态也发生了四次改变：瀑布—缓流—湍流—深潭，相对应地对香客的心境也造成了微妙的影响：嘈杂—渐静—荡涤—平静。三个层级的叠合共同构成了画面生动的灵隐寺前导路径空间：飞来峰—溪水—植物—铺地—植物—建筑。

3. 化觉巷清真寺

从建筑空间外部进入内部的转换过程非常重要，这点已经有介绍；因此，建筑的“门”，从外跨入内的一个空间象征，也成为举足轻重的元素。因而一道本应非常简单的建造工序变成了重点，如寺庙山门、住宅大门等，“进入”的动作被更加强调放大，门甚至需要被施以建筑单体的处理方式。

而建筑群体一旦展开，合院作为建筑空间的组织方式时，每进入下一个合院，都需要跨过一道“门”，这时重重叠叠的门就成为不断穿越的建筑体验，也就是所谓“门堂之制”。在有一定规模的建筑群中，利用门的序列控制空间韵律与节奏是非常常见的手法。例如在西安化觉巷清真寺中，其进入的过程就是通过重重虽有相似但却富于变化的门而到达最终的大殿（图 2-37 ~图 2-40）。

图 2-37　化觉巷清真寺入口

图 2-38　化觉巷清真寺第二重门

图 2-39　化觉巷清真寺第三重门

图 2-40　化觉巷清真寺第四重门

第三章

传承传统建筑智慧的设计策略

/ 一 /
与自然环境和谐共处的设计策略

中国传统建筑具有“逐地而居”“逐水而居”“因地制宜”等自然环境适应性营建理念、策略与方法。正如在“古代理想人居环境的基本模式”一节中所述，人们对于人居环境的选择，是在结合实际的自然环境条件基础上形成的择地观念。

在当代社会，虽然人类改造环境的能力已经有了翻天覆地的改变，但是营造理想人居环境的思想观念仍然深刻地影响着建筑、规划等设计建造过程。因此对这一设计策略的传承，应特别注意辩证地分析其所产生年代的气候与资源特征，并将其与现代和未来的资源变化趋势进行对比分析，从而有针对性地进行传承和创新。

与现代地域自然环境因素相适应的传承设计策略主要涉及以下几个方面（图 3-1 ~图 3-3）。

1. 尊重自然环境的选址布局设计策略

尽管人类改造环境的能力已经大大提升，但无论是出于环境保护、经济效益还是尊重场地所形成的精神文化的目的，建筑工程设计仍然应当遵循尊重场地环境并以此为设计出发点之一的设计价值观。尊重场地环境的重要意义在于，一是人类建造活动最低程度地干扰自然、最优化利用场地；二是许多自然环境在人类的生活中，已经被赋予了精神、文化、历史的意义，如杭州西湖、扬州三湾、西安乐游原与曲江池等，尊重利用这些自然环境场地，在文化层面上也极具意义。

2. 适应地域气候的空间设计策略

我国幅员辽阔，各地气候各有特点，因此形成了不同的建筑设计策略，如西南地区的吊脚楼、西北地区的窑洞、川藏地区的碉楼、岭南地区的骑楼等。也因此在当代建筑设计中，针对各地的气候特点，对这些建筑设计策略仍可以加以利用，创造更丰富的空间体验，传承前人应对地域气候特征的智慧，尽可能降低建筑的能耗。

3. 地域材料的创新应用设计策略

正因为我国各地气候不同，故各地常见的建筑材料及其特有的建造方式亦有不同。当代的建筑设计中，仍可以通过对竹、木、土、石、砖等具有地域特色的材料的创新运用，体现地域自然环境特色。

图 3-1 扬州三湾与大运河博物馆

图 3-2 中国人民抗日军政大学纪念馆

图 3-3　曲江池遗址公园

/ 二 /
传承地域精神文化的设计策略

本书第二章第二节中，解析并提取了“天人合一”“道法自然”“象天法地”“易经卦象”“负阴抱阳”“藏风纳气”“非壮丽无以重威”“虚实相生”“时空一体”等传统建筑中与传统文化因素相关的理念。同时在第二章第三节中也论述了中国传统建筑中，城市环境与建筑的互相影响，以及其构成与空间模式之间的同构关系。

这些传统建筑的设计方法极大地影响了古代城市的面貌，也形成了独具特色的城市物质与精神文化。对其进行传承时，应特别注意辩证地分析其所产生年代的精神文化特征，并将其与现代中国城市文化及发展趋势进行对比分析，从而有针对性地进行传承和创新。在积淀厚重的传统文化与多元融合的现代文化并存的背景下，现代建筑传承设计中应注意在传承传统文化的同时，更多地融合现代文化与生活内容。

传承地域精神文化的设计策略主要涉及以下几个方面。

1. 以展示传统文化为主的设计策略

按照文物保护政策规定，不允许在列入保护名录的古遗址上恢复重建。但除此以外的历史胜迹还有许多，中国自古就有不断修建或恢复名胜的传统，美好的历史故事和特色景观因此得以流传。在允许的复建项目中，应当通过扎实的文献考察和符合逻辑的大胆推断，完成当下对传统项目的复建工程。自民国以来，已有许多学者专家对我国传统建筑进行了大量的实地测绘与古代文献研究，并对一些不复存在的历史建筑进行了推测复原。在进行复建项目的设计时，应当以这些史料为基础，完成符合事实和逻辑的设计[①]（图3-4）。

2. 传统和现代文化共生的设计策略

针对一些传统建筑环境中的新建项目，如历史文化名城的旧城区内、文化遗产保护区的周边建设控制地带、非法定保护的文化旅游景区以及与历史文化主题有关的标志性建筑等，在这些现代和历史交融的城市环境中完全复建历史上的传统建筑并不能完全满足当下的社会生活需求，此时需要建筑师在充分理解地域精神文化的基础上，给出糅合现代文化的设计策略，在仿古和现代中取得平衡的支点，形成和谐共生的文化基因传承。

3. 以体现现代生产技术为主的设计策略

中国现代城市发展迅猛，许多城市的建设已经大大突破了历史城市的

① 源自张锦秋院士2013年在中央党校干部培训班的授课内容：“和谐建筑”。

图 3-4　丹凤门遗址博物馆

图 3-5　西安火车站更新设计

边界和范围。在对建筑没有既定形式等要求的环境中，往往容易出现“千城一面”的建设问题。针对一些现代新建建筑环境中的项目，需要建筑师因地制宜，突出现代生产技术、功能，同时强调以反映所在地域特色的“地域形式”进行创作（图 3-5）。

/ 三 /
适应现代经济条件与社会生活的设计策略

建筑设计作为实体建造工程的指导，必然受到当下社会经济条件的制约与影响，同时建筑作为人类活动的容器，一方面人类的活动类型影响着建筑的设计，另一方面建筑在历史长河中形成的文化又反过来影响着人类的生产生活。

正如第二章第三节中所述，传统建筑受到宗法礼制的深刻影响，具有体现为“中轴对称”“均衡格局”“前堂后室”“前庙后学”等传统建筑中与传统社会形态相适应的设计手法、策略和建筑特征。这些传统社会中的文化极大地影响了建筑设计，意识形态对建筑建造活动会起到潜移默化的影响作用，如佛教建筑的“中国化”就是一个很好的例子。当下人们的社会生活虽然与传统已有很大区别，但仍有许多起源于传统社会生活影响的建筑空间，如主从有序的建筑布局手法、室内外空间以庭院联系等设计手法，这些空间形式与人们的生活习惯相适配，因而受到广泛欢迎。

但是在对传统建筑的这一部分智慧结晶进行传承时，应特别注意辩证地分析其所产生年代的社会特征，在现代中国全新的社会制度、组织形态和生活习惯等背景下，有针对性地进行传承和创新。

在传统建筑中还会根据不同的经济生产条件调整建筑设计，作为需要花费大量人力物力财力的建造活动，建筑设计一方面需要适应当下的经济条件；另一方面，在经济条件允许的情况下，还应出现一些具有开创性的建筑形式。而当下社会新的经济形态和发展方式，对应出现了许多新的建筑功能（例如现代银行、证券交易所、大型超市、物流中心等）和形式以及新的开发运营方式等。“一带一路”等倡议的提出，也给中国未来的经济发展带来了新的机遇。

现代地域经济形态及社会生活方式视角下的传统建筑传承设计策略，不仅涉及对传统建筑空间的保护、沿用、转化和更新，而且涉及新的产业要素的融入、对地域经济发展的带动以及传承方式自身的经济性等诸多方面。

与现代地域经济条件及社会生活因素相适应的传承设计策略主要涉及以下几个方面。

1. 沿用传统空间、融入现代经济社会生活的设计策略

中华人民共和国成立以来我国政府一直注重保护有价值的城市历史建筑。这些极具文化历史意义的建筑遗产，不仅包含建筑单体，还包括有历史文化意义的城市形态与其中的建筑群格局。中国的城市与建筑建设历史悠久，如西安、南京、北京、大同、平遥等古城数不胜数。在保护这些古城中的单体建筑与城市格局时，不仅要注重对建筑实体本身的保护，还要注重在保护的基础上如何进行可持续的利用。

例如，西安的环城墙区域、山西的平遥古城等，就在保护古街、古城

的基础上，进行了符合当下经济与生活的更新改造，既达到了保护建筑遗产的效果，又使得建筑能继续发挥作用，成为“活”的文化遗产。又例如传统建筑中的庭院空间，其空间布局与尺度仍然符合为现代人营造舒适的公共、私人生活的需求；中轴对称的建筑格局作为体现礼仪、等级的策略仍然适用于一些等级较高的公共建筑（图 3-6、图 3-7）。

图 3-6　西安城墙区域城市更新

图 3-7　山西平遥古城保护更新

图 3-8　陕西历史博物馆中的庭院空间

2. 更新传统空间、承载现代经济社会生活的设计策略

传统建筑形式已经不能完全满足现代社会的经济生产活动，但许多建筑项目仍然有传统建筑形象的需要，这时就需要建筑师进行创新性的发挥，将传统建筑的形式、尺度等发扬为适宜进行现代经济活动与生活的空间。例如陕西历史博物馆，利用庭院空间承载现代公共生活，成为建筑中一处广受公众欢迎的开放场所（图 3-8）；大唐芙蓉园在利用传统建筑形式的基础上，对其形式尺度进行适当的发挥，使其得以容纳现代大型剧场的演出活动，同时在外形上保留人们对于自唐代流传到现在的皇家园林的想象，成为西安广受欢迎的旅游目的地。在 2023 年的中国 - 中亚峰会欢迎仪式上，大唐芙蓉园紫云楼作为迎宾礼的场地，向全世界展示了一张无与伦比的西安名片（图 3-9）。

图 3-9　大唐芙蓉园紫云楼

/ 四 /
结合运用传统与现代的建造材料、适应地域技术水平的设计策略

传统建筑中，由于对结构和材料力学的认识有限，催生了一系列巧用地方材料的智慧，并且“因地制宜”的指导思想，也使得这些材料身上附着了地域文化的色彩。例如“生九经沟”“土木结构”“砖石结构”等传统建筑常见的本土建筑材料、民间手工技艺及简单机械辅助下的营建技艺和方法。

在对其进行传承时，应特别注意辩证分析其所产生年代的材料、工艺和技术特征，将其与现代经济水平及发展趋势进行对比分析，并特别注意结合现代新材料、新技术和新工艺，进行适宜性、创新性和可持续性传承。随着自然的变化和社会的发展，传统建筑中所多见的木材、石材等建筑材料，如今已成为相对稀缺的资源。因此，对既有建筑材料的再利用成为传承设计的重要策略之一。

与现代材料技术因素相适应的传承设计策略主要涉及以下几个方面。

1. 创新性利用传统建筑材料与建造技术的设计策略

对传统材料的运用是传承传统建筑智慧常用的设计策略之一。建筑作为物质化、实体化的工程项目，选用的材料将体现经济、社会、文化特色。土、木、砖石、瓦等建筑材料作为传统建筑中被广泛运用的材料，不仅凝结了古人实际建造工艺的智慧，也逐渐被赋予了文化和地域的意味。这些建筑材料在一些复建项目中的应用自不必说，由于当代材料工艺与力学结构计算的发展，也能够突破传统的建造技术与工艺，实现全新的建造呈现。

例如在一些快速建造案例中，钢木混合结构加工快、建筑形象鲜明；在一些生土资源丰富的地区，已经有建筑师通过对生土建造技艺的改进，一些较民居更大尺度的公共建筑也实现了以生土作为主要建筑材料。又例如许多既有建筑的废弃的建筑材料也可以作为建筑文脉的延续而得以利用，如王澍设计的宁波博物馆“瓦片墙”就是一个很好的应用案例（图 3-10）。

2. 以现代建筑材料与建造技术表达传统建筑形式与意韵的设计策略

许多处在历史街区的新建建筑，或者由于项目有明确要求的一些建筑，既需要呼应传统建筑的形式意韵，又不能完全仿古。这就需要建筑师利用当代的建筑材料，如混凝土、钢结构等实现这一设计需求。这也是当下建筑设计的一大重要议题，如何让设计在传统性与时代性之间取得较好的平衡。如张锦秋院士在西安的许多建筑作品，被称为“新唐风”建筑，就是

图 3-10　宁波博物馆“瓦片墙”

图 3-11 天人长安塔

在利用当代建筑材料的基础上，提取传统建筑的形式特征及意韵，形成兼具传统与现代特点的建筑作品（图 3-11）。

/ 五 /
形式与意蕴并重的设计策略

传统建筑的内涵是非常丰富的。第二章“传统建筑的意匠”充分阐释了传统建筑在形式之上的意识形态从何而来，这种意识形态又是如何与建筑的物质形式互相影响的。因此从更整体的角度来看，传承传统建筑需要整体性思维，需要建筑师兼顾两方面内容：传统建筑的外部形式（选址布局、群体肌理、空间布局、材料选择、装饰细部等），以及传统建筑的内涵意蕴（如理念、文化等）。

例如，在现代一些有礼仪等级需要的建筑中，中轴对称仍然是行之有效的设计策略；木材与砖石等传统材料的运用令人回想起属于传统的建筑氛围；又如围合的庭院空间，依然是沟通室内外空间的悠闲去处。同时这些设计策略可以与现代建筑功能、材料等相适配，许多建筑师注重传达传统建筑的神韵而非照搬其形式细节，因而也有许多虽未仿古，却仍令人有传统之联想的建筑设计。在现代建筑传承传统的建筑设计中，应当形式与意蕴并重，才能更好地得到自身形式、功能、体系和谐的设计成果。如开封博物馆的设计就以开封“城摞城”及斗拱为设计意向，抽象为现代博物馆设计，体现传统建筑文化的意蕴（图 3-12、图 3-13）。

图 3-12　开封博物馆鸟瞰

图 3-13　开封博物馆入口处

第四章

传承传统建筑智慧的现代案例

/ 一 /
陕西历史博物馆

陕西历史博物馆是一座国家级大型博物馆，馆区建筑面积 45800m^2，另有生活福利建筑 9800m^2，文物收藏设计容量 30 万件，接待观众容量 4000 人次 / 日。工程于 1986 年夏破土动工，1991 年 6 月竣工落成。[①]

1. 选址与布局

首先，从选址与整体规划布局上，陕西历史博物馆遵循顺应环境、尊重地域精神文化特征的传承设计策略。从城市格局来看，陕西历史博物馆用地西北侧为小雁塔，东北侧为大雁塔，且距离大雁塔曲江风景旅游区仅 1km 左右，在城市旅游路线上，与大小雁塔均有较好的通视线。因此建筑师在设计之初就把项目用地的周边历史文化环境作为重点考虑的因素之一。但博物馆作为大型公共建筑，近旁还缺少公共广场或公用绿地（图 4-1）。

因此根据上述场地条件及现代化博物馆的功能要求，陕西历史博物馆采取了相对集中的布局。文物库、陈列厅、公共服务设施、行政用房、业务用房都集中在主馆，从而最大限度地争取了绿地面积，使主馆处于绿化环抱之中。观众主要入口面南，临主干道小寨东路，距红线 50m。门前设有绿化广场及地下停车库。观众次入口面东，临次干道翠华路。工作人员入口面北，距兴善寺街红线 30m，其间为城市绿带。文物及其他货运出入口在场地西北角的西门。主馆布置略向东偏，使

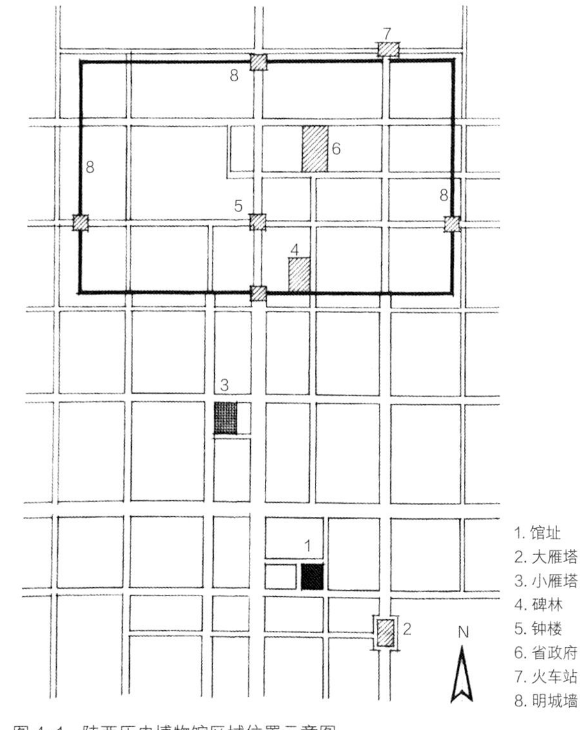

图 4-1 陕西历史博物馆区域位置示意图

① 张锦秋 . 陕西历史博物馆设计 [J]. 建筑学报，1991（9）：18-24.

西侧留有70m宽的绿地以供远期发展扩建之用（图4-2）。

2.适应当代博物馆使用的传统空间格局之化用

陕西历史博物馆在结合与现代地域社会生活因素相适应的传承设计策略主要有以下几个方面。

（1）统筹兼顾，明确分区

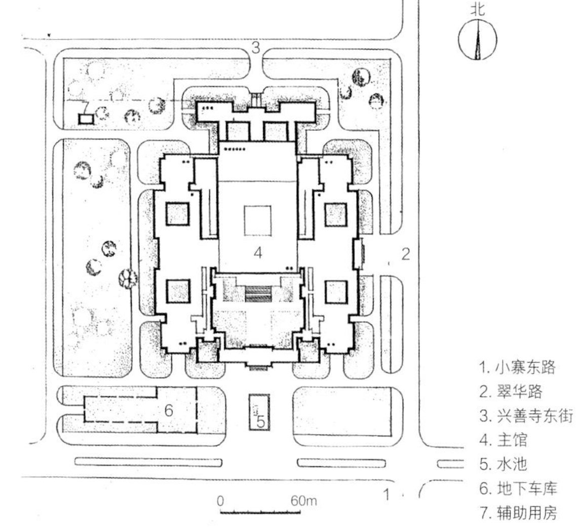

图4-2　陕西历史博物馆总平面图

陕西历史博物馆内容庞杂，要求各异。在建筑设计中首先按照其基本功能分为前后两大部分。前部是对观众开放、直接为观众服务的区域，可谓博物馆的“前台”。后部是收藏文物及工作人员工作场所，可谓“后台”。两部分分区明确，使馆内观众不能从前部进入后部，但同时确保相关的工作人员和物品运输能方便地从后部到达前部（图4-3、图4-4）。

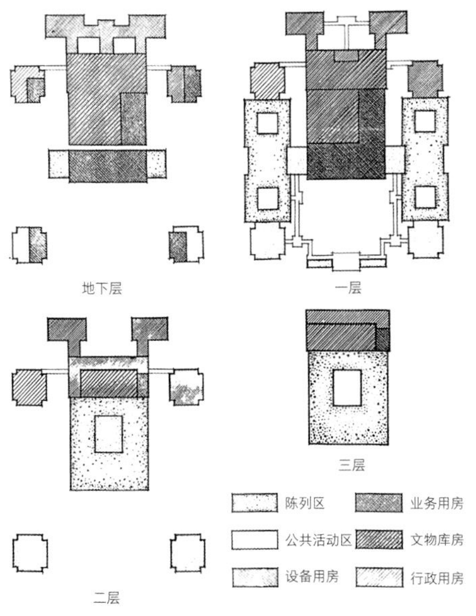

图4-3　陕西历史博物馆功能分区示意图

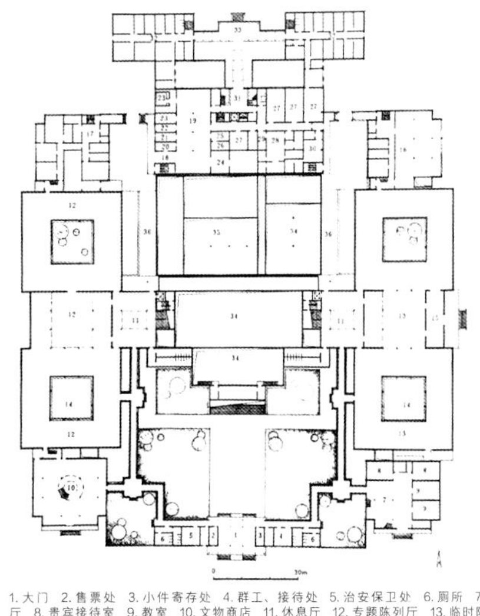

1.大门　2.售票处　3.小件寄存处　4.群工、接待处　5.治安保卫处　6.厕所　7.门厅　8.贵宾接待室　9.教室　10.文物商店　11.休息厅　12.专题陈列厅　13.临时陈列厅　14.水庭　15.东门　16.图书资料楼　17.行政楼　18.文物入口　19.晾置间　20.登录处　21.清洗处　22.干燥处　23.暂蒸处　24.暂存库　25.休息室　26.更衣室　27.文物修整处　28.摄影配套用房　29.数据检索处　30.防盗中心　31.业务楼门厅　32.文保实验楼　33.北门　34.机房上空　35.文物库上空　36.坡道

图4-4　陕西历史博物馆首层平面图

（2）生活方式与空间组合

庭院空间是传统中国人生活中最具有典型性的建筑环境之一，宫殿、庙宇、住宅、作坊无一例外。院落式的建筑空间组合与人们需求院落的生活方式是密不可分的。建筑师考虑到要使陕西博物馆不仅成为一个纯功能性的展览房屋，同时还要使这里成为一个人民群众喜闻乐见的文化休息场所，所以采取了室内外空间穿插结合的布局。全馆组织了七个大小不同的内院，其中三个是联系展厅与公共服务设施的半开敞式庭院，四个是被展厅环绕的封闭式小院。后者小而单纯，仅是供展厅中的观众稍为休息视力的空间；前者空廊环绕，绿化繁茂，无异于一个无顶的大厅，起到了联系展厅与各公共服务设施的作用，是观众休息活动的空间，在这里休息较符合中国人的生活方式与审美意趣（图 4-5、图 4-6）。

3. 适应当代博物馆运营的设计策略

在博物馆的具体设计中，建筑师并没有受制于传统建筑的布局与形式，而是通过细致认真、高瞻远瞩的考察与分析，确定博物馆的规模、功能与使用形式，将这些传统建筑中未曾出现过的新功能与传统空间相结合，以满足当代博物馆的使用需求。

（1）建筑规模的确定

根据博物馆的主要使用功能，建筑师以文物保护和文物陈列这两部分的规模作为确定全馆规模的主要因素。陕西历史博物馆文物库的面积指标取 40 件 /m^2，老馆文物藏量为 8 万件。参考历来文物增长速度，预计 20 年发展远景，设计文物藏量为 30 万件，因而库区建筑面积取 7800m^2。文物陈列区主要根据展出文物件数确定其所需面积，并适当考虑展览路线的长度。建筑师按展出库存文物 30 万件的 1/30 考虑。国外一般一件展品所占展览面积的指标为 1m^2，北京中国历史博物馆略低于此指标。考虑到有利于提高陕西历史博物馆的展示效果，故采取 1m^2/ 件的指标，陈列区建筑面积相应为 10900m^2。

同时，在参考各方意见后，明确了建筑内容的设置应突破单纯作为文物保管和陈列机构的传统博物馆模式，而应兼具文化交流、科学研究、科普教育等作用，并为观众提供良好的休息、餐饮、购物等服务设施。

（2）创造条件，提高效益

博物馆属于文化事业，是非营利单位。其设施现代化以后，能源消耗将大大增加馆方的经常性开支，往往出现“建得起用不起”的现象。鉴于此，在陕西历史博物馆设计中一方面适当掌握设施标准，既控制基建投资又降低运行费用，另一方面也综合考虑群众对文化休息设施要求的日益提

图 4-5　连廊与庭院

图 4-6　主庭院

高，设计安排了各种服务项目，如商业楼、报告厅、临时展厅、文物保护中心等，以扩大馆方的经济收益，为博物馆以收抵支创造条件（图 4-7、图 4-8）。

图 4-7　商业楼

图 4-8　文物实验楼与业务楼北门

4. 发扬传统，力求出新

陕西历史博物馆是古都西安的标志性建筑，设计任务中明确要求陕西历史博物馆建筑应具有浓厚的民族传统和地方特色，并成为陕西悠久历史和灿烂文化的象征。为此，建筑师在建筑创作中力求将传统艺术形式与现代化的功能、技术相结合，将传统艺术手法与现代艺术手法相结合，将传统审美观念与现代审美观念相结合。

（1）定性与定形

我国传统建筑有一套相地立基、选形定制的做法，即在明确了一个建筑的性质及其在环境中的作用与地位后，再相应地确定其规格、形制与形式。这在保证环境与建筑以及建筑与建筑的整体性方面是一条行之有效的方法。考虑到陕西历史博物馆主要功能是保存、展现陕西史前文化的丰富遗存和我国封建社会从发生至鼎盛时期的珍贵文物；而博物馆所在的城市西安又是这段历史时期十三个朝代的国都，作为如此悠久历史和灿烂文化的象征，建筑的形制规格必须是高档次、高层次的。用传统建筑的术语来说，应是“大式”，决不能采用“小式”。从而明确这座博物馆建筑应该如同陕西历史文化的殿堂，具有宏伟、庄重、质朴、宁静的格调。

（2）有秩序的变化

无论变化多么丰富，传统建筑群大多都有较好的整体性，这主要在于变化主次有序才不失于零乱。陕西历史博物馆似乎是一幢房子，但又具有群体组合的艺术效果，这源于其借鉴了我国传统宫殿轴线对称、主从有序、中央殿堂、四隅崇楼的构图模式；但同时每个建筑形体又都按照不同的功能要求而具有自己的特点（图 4–9）。

为建立主次有序、浑然一体的群体关系，建筑师在设计中主要把握了两点：一是吸取了我国传统建筑材分制度的精神，确定了一套模数，从而有效地控制了各类建筑比例尺度的统一性。二是抓住传统宫殿建筑的一个造型特征，即以飞檐翼角为母题（图 4–10），在建筑各个转角部分一再出现。

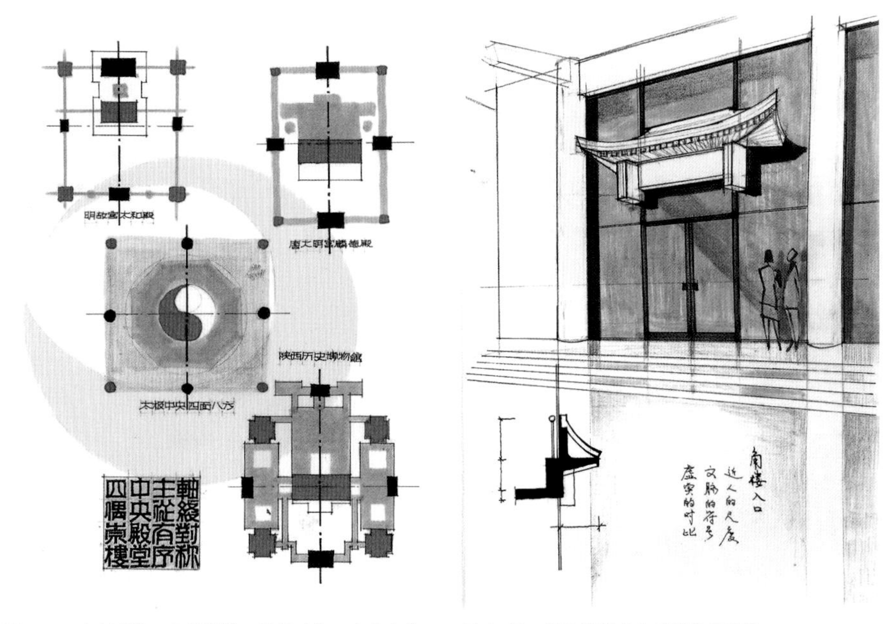

图 4–9　中央殿堂、四隅崇楼、轴线对称、主从有序

图 4–10　以飞檐翼角为母题统领建筑

图 4-11 陕西历史博物馆方案渲染图

这些出檐深远、曲率舒展的造型，对于建筑艺术风貌的整体构成起到了提纲挈领的作用（图 4-11）。

（3）艺术、功能、结构的统一

唐代建筑雄浑质朴的造型，简洁明确的构造，整体明快的色彩，特别是建筑艺术与功能、结构的高度统一，都与现代建筑的逻辑有着许多相通之处。本着这种精神，陕西历史博物馆挑檐下的椽子、斗拱不仅造型简洁，而且在结构上都是受力构件，构成屋顶坡势平缓、出挑深远、翼角舒展的造型，突出了洒脱的唐风特征。建筑的立面则根据内部功能需要，该实则实，该虚则虚，外形虚实变化对比与内部功能有机统一（图 4-12 ~ 图 4-14）。

（4）现代技术材料与当代审美意识

技术上的现代化势必带来现代化的审美意识。陕西历史博物馆作为现代化的大型博物馆不应该也不可能一板一眼地仿古。这里不仅用了现代的钢筋混凝土框架结构，还全面采用了现代化的建筑构配件和材料，力求具有时代特征，表现当代审美意识。如采用大片玻璃、预制大墙板，造型上突出了大体块的虚实对比。在色彩上一反传统古建浓丽的做法，采用黑、白、灰、茶的淡雅明朗色调。在细部处理上亦力求出新，如不锈钢管与抛光铜球组合的大门给人以传统泡钉板门的联想，乳白面砖的铺贴图案则尽可能地反映出钢筋混凝土结构的构成（图 4-15 ~ 图 4-17）。

图 4-12　陕西历史博物馆鸟瞰

图 4-13　大门翼角

图 4-14　东南角楼

图 4-16　陕西历史博物馆大门细部实景

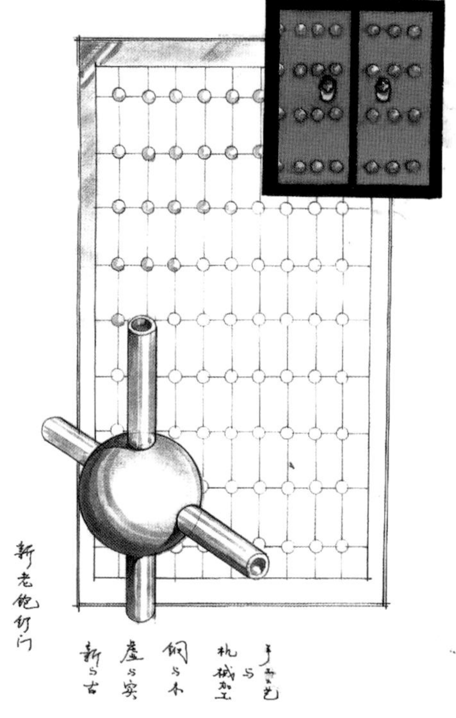

图 4-15　细部设计

图 4-17 陕西历史博物馆入口

/ 二 /
大唐芙蓉园与曲江池遗址公园

大唐芙蓉园于 2005 年正式落成并向游人开放，是西安曲江新区第一个真正意义上的专属大型城市公园。以唐大雁塔为中心的曲江旅游区，是一个集文物古迹保护、现代旅游设施开发和新城建设于一体的、传统风貌浓郁的现代新区。通过控制建筑的高度、色彩、风格，恢复曲江池的水系、湖面，加强生态修复，建设了大唐芙蓉园和曲江池遗址公园两片景区，又以此为依托发展成为现在的 $20km^2$ 的文化旅游新城。

曲江池自秦汉以来即是以山水自然风光著称的游览胜地，到唐代又经疏浚、整流达到鼎盛。曲江池分南北两部分，北部在唐城墙以内，即先期建成的“大唐芙蓉园”。曲江池南部则为曲江池遗址公园项目，南临秦二世陵遗址，东与寒窑相通，旨在恢复生态，向市民提供开放式休闲场所。设计依托周边丰富的旅游文化资源，根据考古部门提供的池体边界确定池形，再现曲江地区“青林重复，绿水弥漫”的山水人文格局；构建集生态环境重建、观光休闲服务功能于一体的综合性城市生态文化休闲区。

1. 与自然和谐、兼顾传统和现代文化的选址布局

针对曲江新区这片具有悠久历史和丰富自然资源的区域，建筑师首先提出的设计规划原则是“依托古迹名胜，因借历史盛名，修复生态环境，建设现代新城”。

首先是大唐芙蓉园的选址问题。曲江为中国历史上久负盛名的皇家园林和京都公共自然景区。秦时辟为“宜春下苑”，汉时划为“宜春苑”。隋建大兴城时隔其南部建“芙蓉园”，设为离宫，北部为公共游赏地。唐玄宗开元年间，在曲江地带择位于城墙以南的南池辟为皇家御园，增建紫云楼、彩霞亭等大量园林建筑，仍称芙蓉园，并设专用夹道与皇宫相通。城墙内的曲江北池仍保持自然风光。盛唐时期曲江与慈恩寺、大雁塔、乐游原、青龙寺、杏园等名胜相互连属，景色秀美，文华荟萃，是盛唐文化典型区域之一。千年沧桑，虽建筑植被毁于兵火，水系干涸、地形破坏，风光不再，但曲江的历史地貌仍依稀可见。

曲江新区借唐朝曲江“芙蓉园”之名，在原曲江三湖的北湖上建造了今天的“大唐芙蓉园”，园址未与当初芙蓉园旧址完全重合，但与大雁塔的相对位置基本一致（图 4–18），这样避免了遗址保护等诸多方面的麻烦，又可以因借芙蓉园悠久的自然园林文化。曲江池遗址公园则顺势而为，尽可能依托现有环境，旨在恢复历史景观生态（图 4–19）。

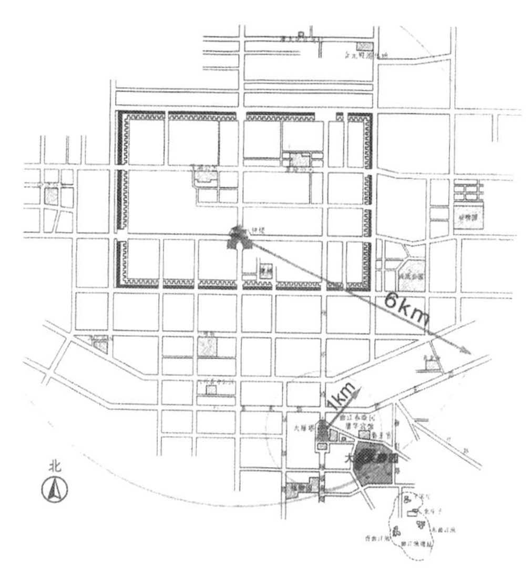

图 4–18　大唐芙蓉园城市区位

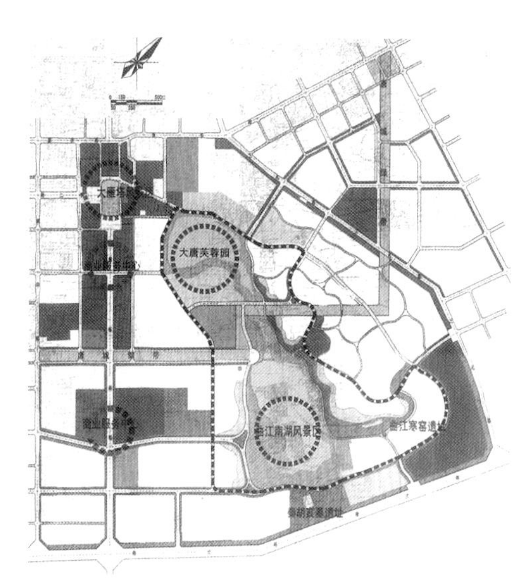

图 4–19　曲江新城规划图

确定了芙蓉园与曲江池遗址公园的基本位置，那么如何进行这一规模巨大的当代大型主题公园的规划设计？建筑师遍寻史料，以傅熹年先生对唐长安城的论述为出发点，提出了以下设计策略。

1）盛唐苑囿的山水格局

曲江具有坡陀起伏、曲水萦绕、远赏南山、近附流泉的自然景观而又紧邻城市，盛唐时代便是一个帝王与百姓共赏天然图画的绝佳场所，其山水格局应是充分利用地形，崇尚天然，点化自然的自然山水式布局。故此，芙蓉园规划的山水格局即按照自然山水式对现有地形、水面加以整理加工。全园的地形地貌总态势呈南高北低之状，南部岗峦起伏、溪河缭绕，北部湖池坦荡、水阔天高（图 4-20、图 4-21）。

山形：在南部山峦区，结合原有地形格外强调了东高西低的特点，将全园地形的制高点置于东南部的土山上形成主峰。山的轮廓起伏力求与远处的南山相呼应。湖面的北岸虽然原来地形平坦，为了使湖周也形成逶迤之势，特别为屏障北面园墙外城市交通的干扰，也做了岗埠式的处理。

水势：北部宽阔的湖面在原来积水洼地的基础上开辟为北凸南凹的“腰月”形，使其对全园的中心区呈半环之势。湖面东南有水口，分层跌落的瀑布把规划中将来要恢复的南池水面与之相连。湖面西南部水面经芙蓉桥后收缩为芙蓉池，有自南而北流来的“曲水流觞”溪流汇入。然后水体东折，在全园南北中轴部位形成紫云湖。湖以东则呈溪河状，流经东部主峰北麓进入主湖面。这样，就形成了一个由瀑布、湖面、河流、溪水、池面组成

图 4-20　大唐芙蓉园全景

图 4-21　曲江池遗址公园鸟瞰

的环形水系，构成、界分并连接了全园各个景区，成为芙蓉园有机的血脉。

2）皇家园林的总体布局

即使在山水空间之中，中国古代的皇家园林的总体布局也必然有强烈的轴线，有对称、对位的关系，主从有序，层次分明。往往又因其规模的宏大，相应形成了以自然景观为背景，以建筑为核心，配置景区或景点的总体布局手法，构成了规模宏大、层次丰富、因山就水、功能各异、相互成景得景的景观体系，从而形成了中国大型皇家园林总体布局的主要特征。

芙蓉园规划设计继承了这一传统，设置四大景区。全园主轴为南北向，自南而北依次由凤鸣九天室内剧院、紫云湖、紫云楼构成明确的中轴区。紫云楼为全园的主标志性建筑。主轴区西侧的御宴宫和“曲水流觞”构成西翼区；东侧的唐集市、山顶有“茱萸台”的全园最高峰及其北麓的唐诗林构成东翼区；北部由占地约为全园用地三分之一的湖面及其周围的十八景点共同构成环湖区。北岸仕女馆中的望春阁与紫云楼遥相呼应。景区、景点之间有园林道路和水系为之联络，更以“对景”“障景”等手法构成似隔非隔的联系（图 4-22）。

芙蓉园的规划设计还运用中国传统大型建筑群定位布局的经验，以轴线的构成和网络体系来控制全局。建筑师以地形上 40m 见方的坐标网作为布局基本网络，根据放线取向，建筑布局选点大多以格网为基准，在平面关系上形成严密的对称、对应、对景、呼应的景观网络。结合地形地貌和建筑功能确定各园林建筑的布局造型特征，使之相互成景得景，共同构成庞大的、丰富的园林景观体系（图 4-23）。

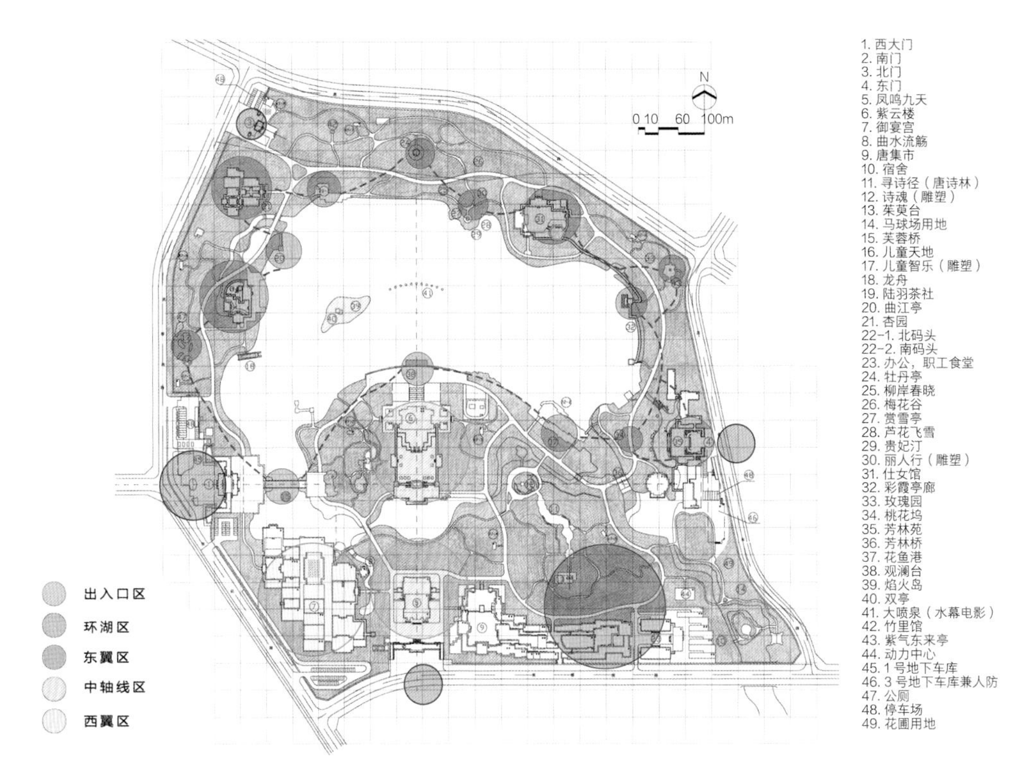

图 4-22 大唐芙蓉园功能区布置

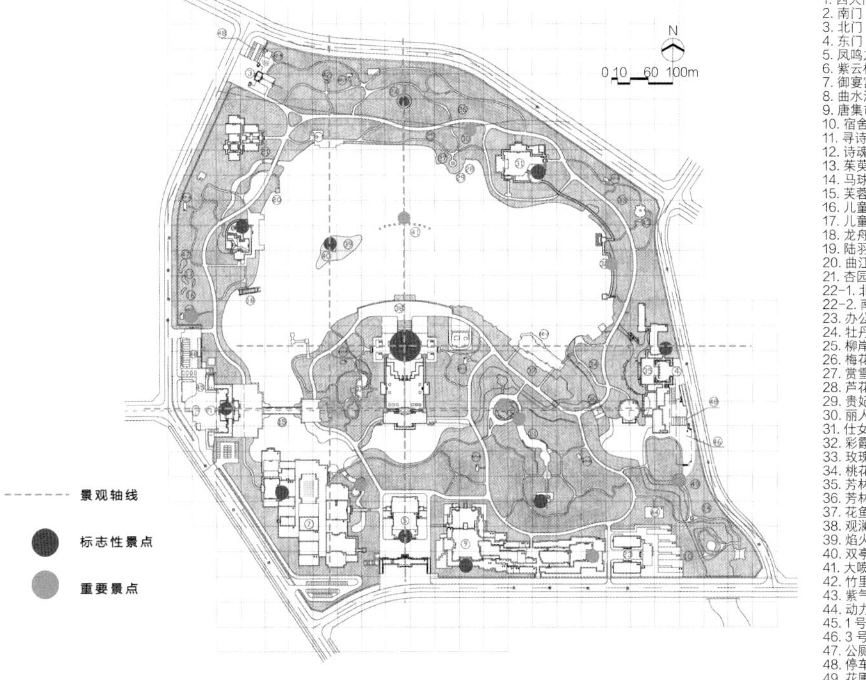

图 4-23 大唐芙蓉园景观体系图

曲江池遗址公园则以曲江池水为整个园林的核心。阅江楼景区是全园的制高点，作为餐饮服务场所，服务游客以及周围市民。汉武泉景区位于公园的主入口处，其主要包括了汉武泉桥、灌缨桥以及百花厅等。曲江亭景区位于公园东南方向，道路西侧，曲江亭景区中水景布有叠石，形成了别致的景观。烟波岛景区由汉武泉景区的主入口进入，由一座拱桥连接烟波岛与主要路网。畅观楼景区空间相对开放，因地制宜，依水而建，为服务类餐饮设施。艺术人家景区内部，结合艺术设计，布有曲江池历史博物馆、三泰民间艺术馆、名人字画展示等；明皇栈桥景区内布置了祈雨亭、柳桥、芸阁及明皇栈桥等景观，是游览曲江池遗址公园的重要节点之一（图 4-24）。

2. 以传统皇家园林空间承载现代城市公园活动

大唐芙蓉园的总体规划和建筑设计在力求还原历史风貌和现状地形的基础上，还需要满足现代旅游功能。其主要问题在于，现代广大群众使用的公共性与古典园林为少数人享用的私有性在空间尺度上的矛盾。

这个矛盾在建筑单体及整体规划设计中体现为：一方面，建筑单体难以满足当代公众活动的空间尺度需求，如一些剧场、大型餐厅等，若完全按照古代园林建筑的尺度，无法满足使用需求；另一方面，从整体来看，古代偌大的皇家园林，游览者仅帝王嫔妃和随行服务的宫女太监而已，而现代城市公园为市民所用，游人动辄上万，节假日高峰人流数倍于平时，人流车流量大，活动点多面广。作为主题公园更有一些活动场所人流集中，还有安全、防灾等诸多技术规范要求，需在规划设计中认真落实。

1）化整为零的建筑单体设计策略

大唐芙蓉园结合地势地形对建筑单体进行巧妙的化解，如“凤鸣九天”作为 600 座的歌舞剧院，规划设计结合南高北低有 4m 高差的地形设置观众厅，以大幅度降低建筑高度，并分解建筑体量，尽量使之适应园林环境。

如御宴宫同时就餐达 4500 人之多，规划中采用四轴并进、厅堂、平房、楼阁、庭院、穿弄相结合、多层次、多单元、多入口的建筑形式，满足了各种性质的餐饮活动要求并避免了园林中“庞然大物”的出现（图 4-25）。

2）因地制宜，灵活调整整体规划

为解决公众游览体验问题，大唐芙蓉园作了以下探讨和斟酌。

（1）规划游览网络，解决好入口的定位问题

不少皇家园囿主入口往往设在主轴线的南端，如圆明园；也有因地制宜变换方位的，如颐和园。可见并无定式。芙蓉园主要人流来自园区西侧，南侧面临次要道路，且道路南侧的地块自然标高高于道路 4 ~ 5m。因而芙蓉园正门位于西边，正对曲江新区内东西向干道，成为在新区主干道雁塔

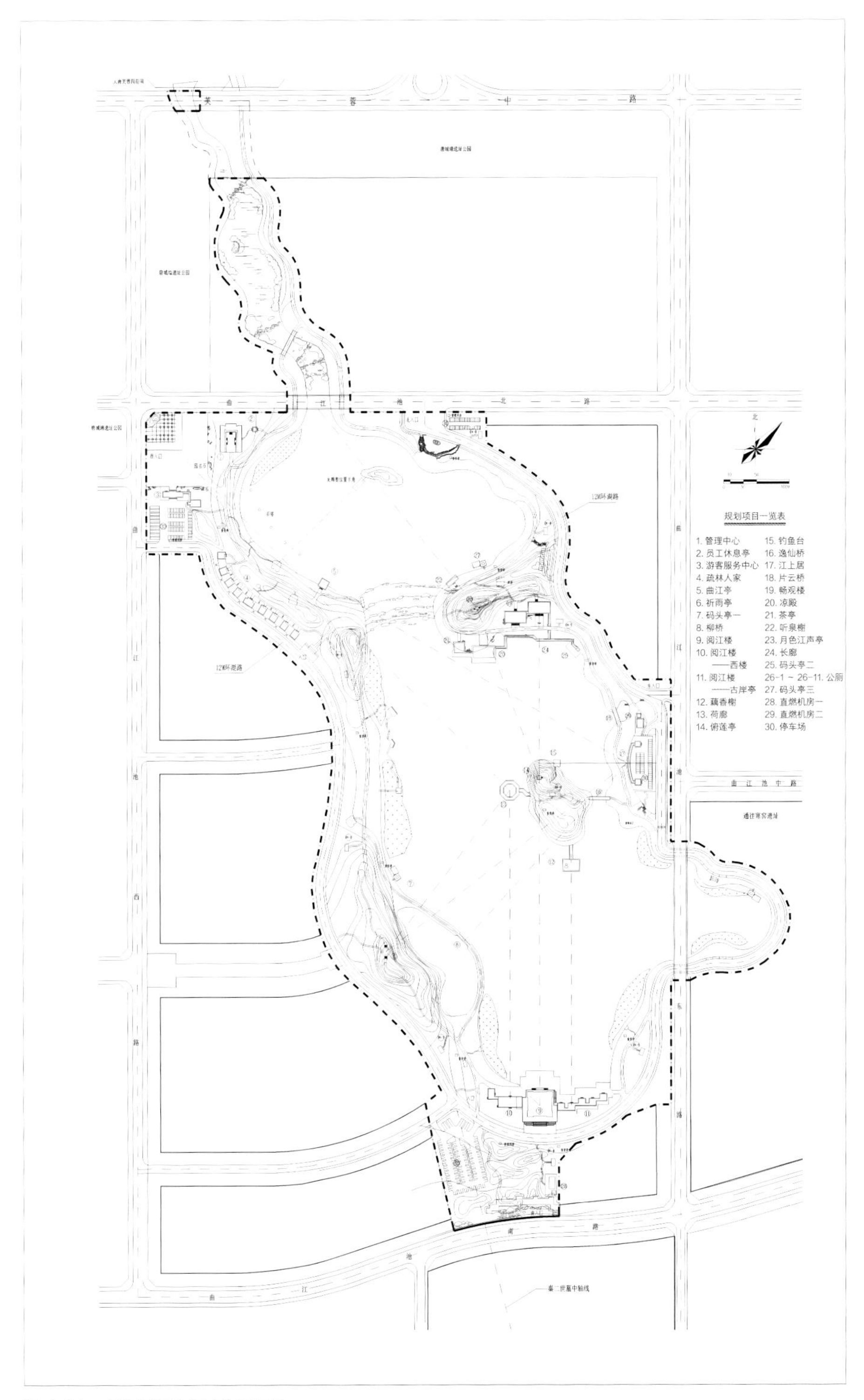

图 4-24　曲江池遗址公园总平面图

图 4-25　大唐芙蓉园总平面

南路上的东端对景，大门的形象一直延伸到 1.5km 以外的城市主轴长安路上。西侧的主入口还在园内直接连通了中轴区、环湖区与西翼餐饮区，在交通组织上最为便捷。

（2）园内适当加宽游览道路，主环路与消防车道系统及夜间货运系统兼容

人流集中的景点增设多种类型的庭院和广场，扩大室外空间，既陪衬烘托了主体建筑，加强皇家园林的气派，也为人流集散和开展群众性活动提供了必要的场所。东、西、南、北四个园门外设有与城市道路便捷联通的出入口广场和停车场，园内人流活动最为频繁的几个景区都布置在靠近园门的区位，如在“凤鸣九天”举行正规演出时，南门可成为专用出入口。凡此等等，既满足了现代化公园的群众性活动要求，又保证了芙蓉园内良好的园林景观环境，使得动静有序，各得其所（图 4-26、图 4-27）。

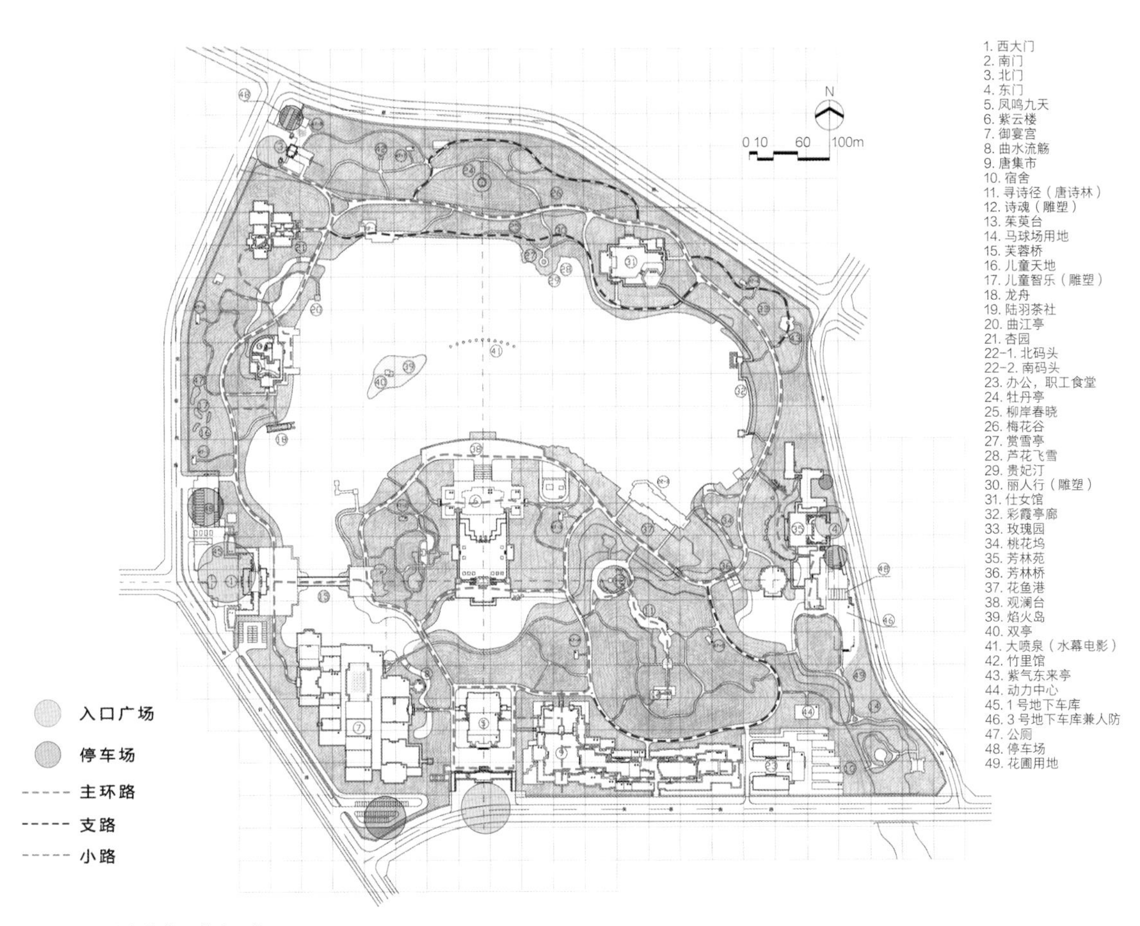

图 4-26 大唐芙蓉园道路系统

图 4-27 大唐芙蓉园西大门全景

3）主从有序的建筑形象

中国传统园林、建筑组群都具有高度的区别，讲究主从有序，阴阳和合，把人工与自然、群体与个体、主体与配体组织成一个整体。芙蓉园在总体布局中，一方面组织轴线关系，分清主次；另一方面运用对比手法，相互衬托，区别主次，从大局上为塑造主从有序的建筑形象奠定了基础。

芙蓉园建筑形象丰富、种类繁多，同时兼有宫廷建筑的礼制文化和园林建筑的艺术追求。前者如《礼记》所述，依宫殿建筑之制度“礼，有以多为贵，有以大为贵，有以高为贵”。这类建筑高大宏伟、雍容华贵，尽显皇家气派、御苑气质。后者则更突出自然风韵，以错落自由布局的园林建筑与理水、叠石、堆山、栽花、植林相结合，以达到“可行、可望、可游、可居”的意境。在建筑形象上将宫廷礼制和园林的诗情画意有机相融正是规划设计者的追求，特别是使标志性的门、殿、楼、阁的建筑形象兼备双重品格，以使全园形成一个统一和谐的整体（图 4–28 ~ 图 4–32）。

在曲江池遗址公园中，同样依据这一设计原则，在蜿蜒的水景周边布置了曲江亭、疏林人家、芦荡栈道、柳堤、祈雨亭、阅江楼、云韶居、荷廊、畅观楼、江滩跌水十大景点。建筑为民间的唐代风格，不设斗拱，木色基调、灰瓦白墙，建筑形式力求朴实、明朗（图 4–33 ~ 图 4–35）。

图 4–28　紫云楼夜景

图 4-29 彩霞长廊

图 4-30 芳林苑

图 4-31　陆羽茶社

图 4-32　阅江楼鸟瞰

图 4-33　曲江池遗址公园夜景

图 4-34　曲江池遗址公园驳岸

图 4-35　曲江池遗址公园江滩跌水

/ 三 /
黄帝陵祭祀大院（殿）与黄帝文化中心

黄帝陵祭祀大院（殿）工程与黄帝文化中心位于延安市黄帝陵区，其中黄帝陵祭祀大院（殿）是有史以来黄帝陵规模最大的修建工程，是一座大型国家级祭祀建筑；黄帝文化中心为展示建筑。二者共同构成了黄帝陵的祭祀与文化展示空间。

黄帝陵祭祀大院（殿）工程占地 56744m^2，总建筑面积 13353m^2，黄帝文化中心位于黄帝陵圣地区最东端，总用地面积 97620m^2，总建筑面积 2.4 万 m^2，为大型博物馆项目。

在黄帝陵这样一个蕴含着悠久民族历史与民族情感的基地，如何创作一个新时代的文化建筑呢？建筑师的设计出发点可以“山水形胜、一脉相承、天圆地方、大象无形”来概括。具体而言，设计策略有如下几个方面。

1. 延续巍巍山脉、传承地域文化

为了创造出宏伟、庄严、古朴的氛围，突出炎黄子孙精神故乡的圣地感，建筑师首先从宏观规划设计上处理好与大环境山水形胜的关系，格局上有鲜明的民族文化特征。

根据国家批准的黄帝陵总体规划，黄帝陵祭祀大院（殿）工程在原轩辕庙以北，沿原庙中轴线延展到凤凰岭山麓。公众若要进入黄帝陵区，首先要到达景区最南端的轩辕广场。轩辕广场是一座宽阔的不对称半圆形广场，总面积 1 万 m^2，地面用 5000 块秦岭天然河卵石铺砌，象征中华民族五千年的悠久历史。轩辕广场北，是一条蜿蜒的河流——沮河，沮河古称“姬水”，轩辕黄帝就是因“长于姬水”而姓姬。印池之上，横跨着一座通往北岸轩辕庙的轩辕桥。轩辕桥为仿灞河古礅梁桥，全长 66m，宽 8.6m，高 6.15m，共九跨。沿着轴线继续往北，就来到轩辕庙人文初祖大殿，这是祭祀轩辕黄帝的正殿，也是整个庙院的主体建筑，坐落在庙院中心。这一条祭祀轴线引导游客从印池通过古柏林，前往黄帝陵冢，建筑的轴线与自然山水景观的起伏浑然一体（图 4-36）。

陵东片区是烘托黄帝陵圣地感的重要区域，规划总面积约 35.95hm^2，是黄帝陵祭祀活动的延伸区，大型公益项目黄帝文化中心位于此片区，建筑主体全部隐藏于地下，以建筑的“无形”强化黄帝陵桥山肃穆、静谧的整体圣地氛围。黄帝文化中心与轩辕庙、黄帝陵构成黄帝陵景区的地景文化。建筑顶板上覆土，密植成林，与桥山 81.9hm^2 的古柏森林浑然一体，使桥山绵延的山形一直延伸至印池两岸，与轩辕庙形成环抱之势，凸显黄帝陵的“圣地感”（图 4-37）。

图 4-36　黄帝陵祭祀大院（殿）鸟瞰

图 4-37　黄帝陵祭祀大院（殿）与黄帝文化中心鸟瞰

2. 传统祭祀空间古为今用

黄帝陵祭祀大院（殿）为适应新时代的要求而建设，黄帝文化中心则为新时代的博物馆建筑。在黄帝陵区，为了保证传统生活空间的延续性，二者采取完全不同的设计策略。

黄帝陵祭祀大院（殿）工程包括中院、祭祀大院与祭祀殿三部分。中院位于原轩辕庙古柏院与祭祀大院之间，横贯东西。祭祀和游览人流通过古柏院北墙上的中门（原“人文初祖殿”）和东西便门进入中院。迎面正中是高 4m 的大型石阶，石阶两侧分列着成排的铜簋。高台左右耸立着三出石阙。人们在此整衣肃纪，拾级登上祭祀大院，大型仪仗和供品则从中院东西两端的侧门进出。轩辕殿祭祀大院是举行祭祀大典的重要场所，占地 1 万 m^2，均由花岗石板铺装而成，可供 5000 人举行祭祀活动、陈列各种仪仗并举行大型祭祀演出。广场北端在总高 6m 的三层石台上坐落着 40m 见方的石造大殿。檐下正中悬挂着著名书法家黄苗子先生书写的隶体“轩辕殿”匾额。整座建筑简洁、古朴、宏伟（图 4-38、图 4-39）。

黄帝文化中心为了保证这一片圣地的完整性，以完全藏于地下的设计策略，地上让位于整体性极强的传统建筑空间，地下则用于现代建筑功能（图 4-40）。

图 4-38　黄帝陵祭祀大院（殿）西侧全景

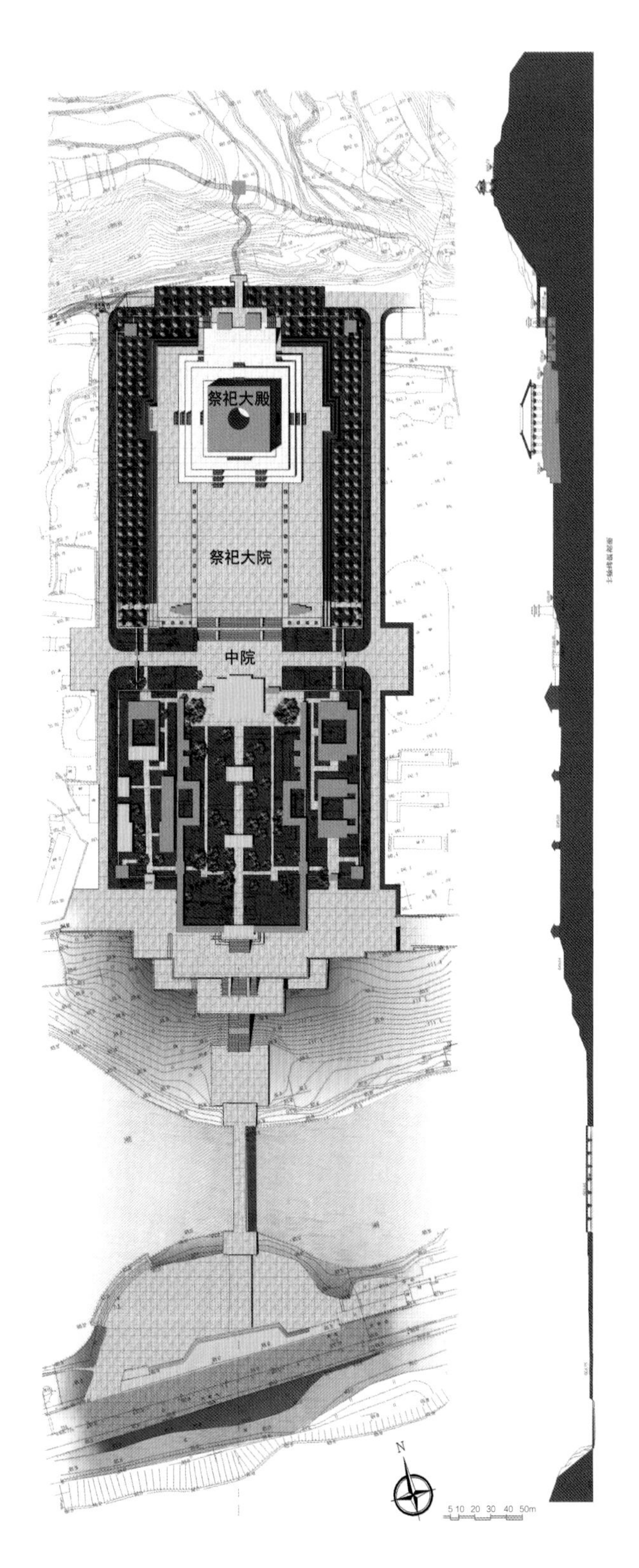

图 4-39　黄帝陵祭祀大院（殿）总平面及剖面图

图 4-40　黄帝文化中心鸟瞰

3. 以预制混凝土技术与石材形成具有传统意蕴的简练建筑形式

黄帝陵祭祀大院（殿）的建筑风格与中国建筑传统一脉相承而又具有浓郁的新时代气息。

祭祀大殿被命名为轩辕殿，由 36 根巨型石柱围合成 40m × 40m 的方形空间，柱间无墙，上覆巨型覆斗屋顶。顶中央有直径 14m 的圆形天光。蓝天、白云、阳光直接映入殿内，整个空间显得恢宏神圣而通透明朗。大殿地面采用青、红、白、黑、黄五种彩色石材铺砌，喻传统的“五色土”以象征黄帝恩泽的华夏大地。整个轩辕殿形象地反映出“天圆地方”的理念，融入山川怀抱之中的气势，可引发人们对于“大象无形”的体验（图 4-41、图 4-42）。

轩辕殿的时代性不仅体现在其手法简练、符合现代审美情趣，同时还由于其高度的技术含量而增强了工程的现代感。工程师在黄帝陵Ⅳ级自重湿陷性黄土的软弱地基上，采用挤密桩而承托了三层高台和大殿。单排柱上四面长的梁采用了罕见的大型预应力钢筋混凝土大梁，见方的覆斗形屋盖则是采用了覆斗形钢筋混凝土预应力空间结构。这一系列技术手段才确保了前述建筑艺术效果的实现。

图 4-41 轩辕殿

图 4-42 轩辕殿内庭院

图 4-43 轩辕殿石柱细部 1

图 4-44 轩辕殿石柱细部 2

石材的广泛运用是轩辕殿修建的另一个特点。整个工程使用石材 8 万余方，总重量达 10 万 t 之多。高 4m、直径 1.2m 的石柱 36 根，均由中空的整块花岗岩加工而成，这种没有接缝的巨石柱所表现的力度是无可比拟的。祭祀大院中轴线上的石路由 3m × 2.4m 的巨型花岗石板铺砌而成。石材规格长度最大达到 6m。所有石材构件不加任何雕饰，而是通过表面处理的对比变化，直至重点部位自然石面的运用，以取得艺术效果。石材尺度和肌理的着意处理，使轩辕殿更加古朴沉稳、大气磅礴（图 4-43、图 4-44）。

黄帝文化中心在“隐”的整体策略下，建筑设计以 5000 年前玉龙为构思之源，将形体圆润、线条流畅的中华玉龙抽象为设计母题，并将此母题体现在文化中心建筑的平面、立面和细部设计之中，寓意黄帝是龙的化身，中华民族是龙的子孙（图 4-45）。同时为了实现屋顶密植松柏的设计效果，建筑上部覆土较厚，达到 2.5m，为配合建筑造型及采光要求，屋面采用交叉型密肋板结构，屋面交叉斜梁部分采用后张预应力梁，且因地下室属超长结构故采取防裂措施，混凝土中掺加复合纤维抗裂剂。这一系列现代结构与材料技术，保证了黄帝文化中心的设计策略得以完全实施（图 4-46、图 4-47）。

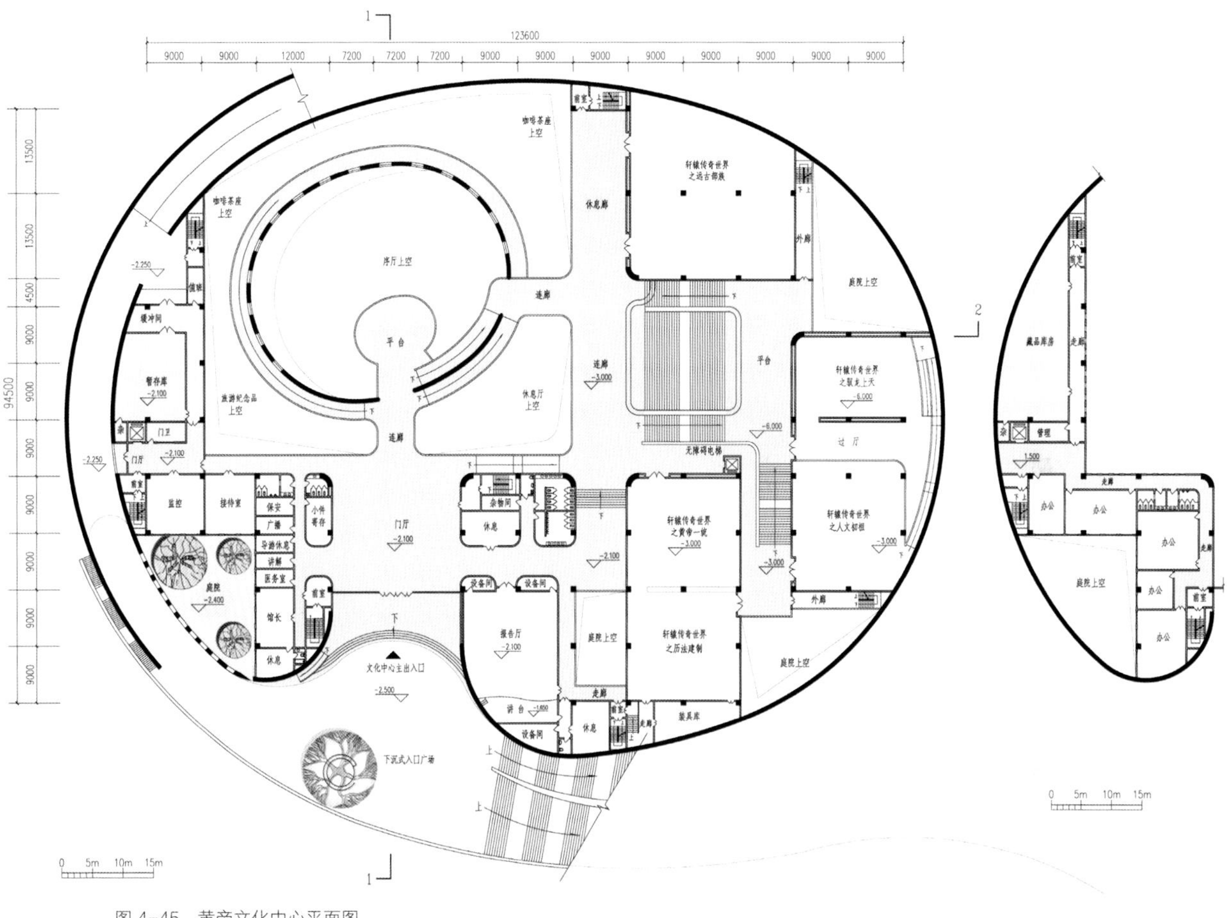

图 4-45　黄帝文化中心平面图

图 4-46　黄帝文化中心入口

图 4-47　黄帝文化中心室内

/ 四 /
延安革命纪念馆

延安革命纪念馆位于陕西省延安市的延河与赵家峁山区之间，占地面积 15.87hm^2，建筑面积 29853m^2，于 2004—2006 年设计，2009 年建成。

在参观各地的革命纪念馆后，建筑师认为，革命纪念馆首先有强烈的共性，大多对称、端庄、肃穆；同时它们又都因题、因地的不同而具有鲜明的个性。二者结合，使这些馆各展风采，给人留下深刻的印象。其中，能否突出建筑的纪念性，则是设计成败、优劣的关键所在。

作为红色圣地延安的一座革命纪念馆，建筑师根据项目的特点提出以下设计原则：延安革命纪念馆建筑应具有独一无二、卓尔不群的标志性；应明确表现中国共产党在延安的革命精神和光荣传统这一崇高的思想性；应该为民众提供一个学习、游憩的场所，具有人文关怀和亲切感。

那么建筑师在这片选址和项目中具体运用了怎样的设计策略呢?

1. 呼应城市与自然、突出纪念性的选址布局策略

延安城市以宝塔山、清凉山、凤凰山为核心向三条川道延伸。延安革命纪念馆坐落在西北川中部、延河北岸的王家坪，西有枣园、杨家岭，这三处都是重要的革命旧址保护区。纪念馆坐北朝南，背靠赵家峁，东西两侧山势呈环抱状，面临延河。设计尊重原纪念馆与斜跨延河的彩虹桥所形成的南北轴线，以此作为新馆轴线，沿轴从沿河边界到山麓 336m，基地沿河宽度约 500m。这一用地格局为纪念馆提供了颇有气势的空间环境。

遗憾的是，当时延安市的城市建筑破坏了城市的格局和环境，沿延河建筑杂乱无章、高楼林立。怎样在一个无序的市区中塑造一座里程碑式的标志性建筑以及文明、优美的公共空间，是首先要解决的第一个难题。设计沿轴线自南向北布置了纪念广场、纪念馆建筑、纪念园三大部分。为满足政府提出的举行大型群众性活动的要求，广场面积设计为 29000m^2，毛主席铜像立于广场中部，地面铺装设计有同心圆的大型弧线节理，其上布有草皮、花池，有节奏地为宽阔的广场增加了向心的凝聚感。

只有三层高度的纪念馆建筑应该怎样突破东、西、南三面无序建筑的包围？建筑师结合功能布局，将这栋建筑设计成东西长 222m，南北进深 78.5m 的“冂”形。在建筑横向水平尺度上用超常的向量，体现出强大的张力。“冂”形呈围合态势，对整个广场形成有效的控制力。同时，纪念园从西、北、东三面簇拥着纪念馆，与纪念园的绿地和北面纳入纪念馆基

地的赵家峁南坡上按规划培植的山林融为一体，形成纪念馆绿色的背景。从以上三个方面塑造了延安革命纪念馆这座标志性建筑三个特征：优秀的建筑体型、优越的选址和优美的环境（图 4-48 ～图 4-50）。

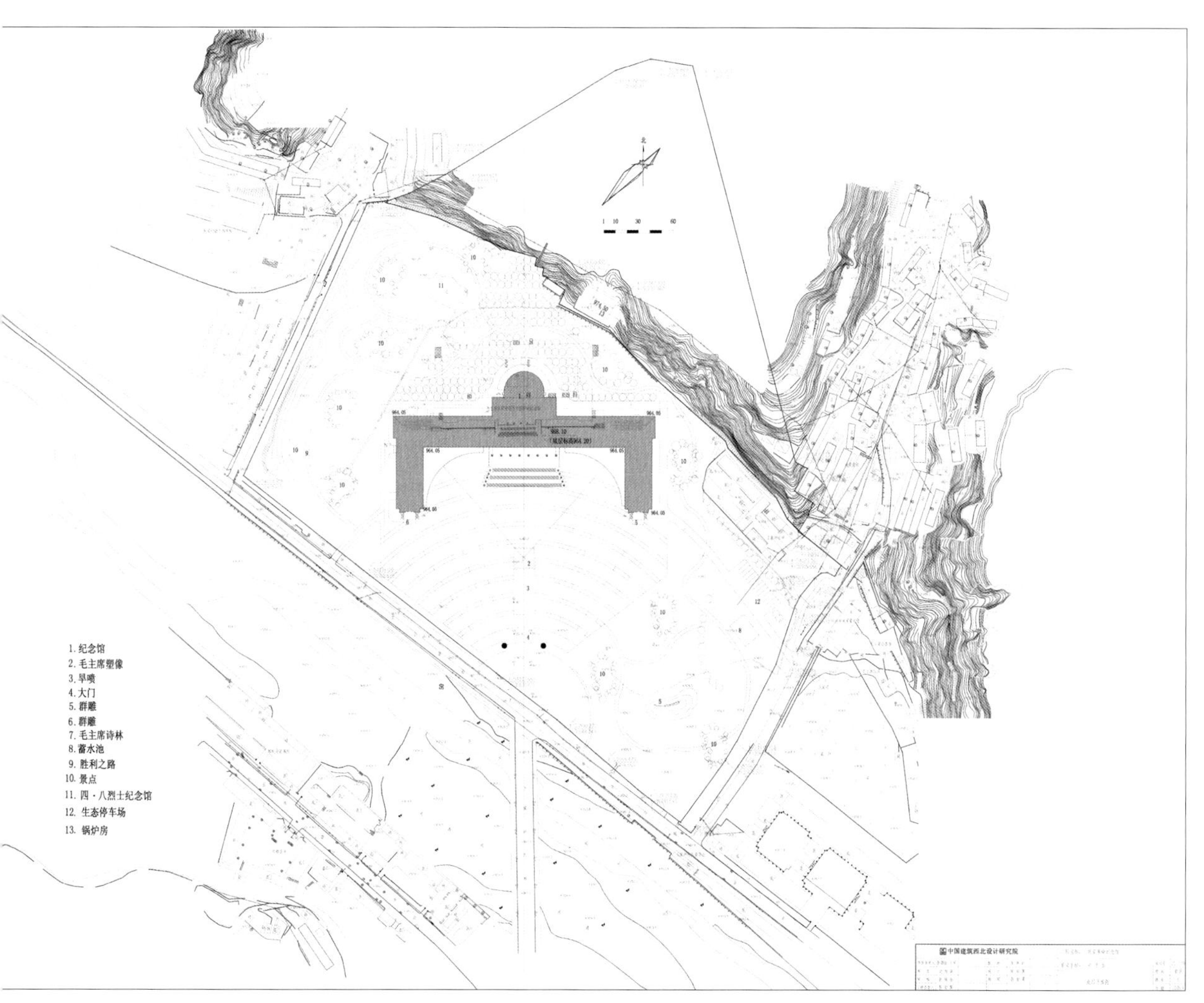

图 4-48　延安革命纪念馆总平面图

图 4-49 延安革命纪念馆鸟瞰

图 4-50 延安革命纪念馆广场与正立面

2. 地域、历史、现代的文化基因之糅合

延安革命纪念馆应该采用新时代的现代风格，还是延安这座千年古城的宋代风格抑或是具有地域特色的窑洞式？

建筑师认为延安革命纪念馆建筑的形式风格应该与它的内容、精神相吻合。这个馆的主题是“延安革命”，在建筑艺术上应该体现中国共产党在延安十三年所留下的红色建筑基因。通过对延安革命旧址的调查研究发现，“窑洞”在延安不仅是普遍的民居形式，而且是延安那十三年中领导居所、党政机关办公、群众生活服务等的通用形式，因而已成为那个革命年代的永恒记忆，并具有了延安革命精神的象征意义。

另外，当时革命旧址的许多设计者曾经在国外学习工作过，这些建筑还有一些中西合璧的特色。最典型的是杨家岭中共中央办公厅、中央大礼堂等。这些建筑朴素、简洁、典雅，细部设计都很到位。修长的竖窗，小型密排洞窗，讲究的入口处理、砖材与石材的结合、平顶与坡顶的穿插等都恰如其分、文质彬彬。

结合以上的实地调研结果，建筑师设计了券洞式的主入口门廊、序厅两侧的窑洞式回廊以及建筑东西两翼朝向毛主席像的窑洞纪念墙；而功能性的窗户采用了修长的竖窗和密排洞窗。建筑师希望这种建筑能引起当年

图 4-51　延安革命纪念馆的入口门廊与立面开窗

在延安奋战过的老同志及其后人的亲切回忆，希望延安市民会为这种风格的建筑而自豪，希望引发参观者对革命历史的缅怀和无限遐想（图 4-51）。

3. 承载现代城市生活的纪念性空间

虽然延安革命纪念馆的出发点是建筑的纪念性，但作为一个建设在当代城市环境的建筑，建筑师力求避免在追求标志性、纪念性时，由于庄严、肃穆而缺乏亲和感。延安革命纪念馆的广场、园区都应体现以人为本的群众性，这里不仅可以举行大型政治性群众活动，广场和三面的园地在日常还应该成为群众休闲、娱乐的公共场所。

为此，广场中央的毛主席铜像前设计有大型旱地喷泉，白天孩子们可以在这里戏水，晚间有丰富的灯光水秀表演。在绿色的纪念园内设计了红飘带形象的“胜利之路”组织游览路线，沿线设置纪念性景点和游客服务设施。特别在广场东部园地内，结合微地形变化为游人配备了各式坐凳以便休闲观景。在纪念馆西部底层，设计了架空的休闲空间，在春、夏、秋的参观旺季，游人可在此休息、餐饮。如今，每当清晨和傍晚，广场上人流如织，成了市民晨练、休闲的乐园（图 4-52、图 4-53）。

图 4-52　广场中央的伟人铜像

图 4-53　广场上的群众活动

/ 五 /
开封中意新区城市设计与开封市博物馆及规划展览馆

开封是中原文明的重要发源地，七朝古都，我国首批公布的二十四座历史文化名城之一。2011 年开封市委、市政府提出了打造开封为国际文化旅游名城的宏伟目标。同年，搭乘郑汴一体化的快车，开封在老城西侧与郑东新区相接区域着手打造中意新区。

依据开封新区的总体规划，中意湖区域城市设计的范围东起五大街西至八大街，南起郑开大道，总用地面积约 143.80km^2。项目功能主要包括行政办公、商业金融、文化娱乐、科技教育、商务休闲等。

1. 中原山水理想的传承——开封中意新区城市设计

北宋的首都东京开封府（今河南开封），是当时世界上人口最多、经济最为发达、最为繁荣的城市之一。为了在中意新区的城市设计中充分体现开封的传统城市特色和历史文化韵味，设计师针对开封古城传统城市格局进行了专题研究。

1）城市传统历史文化资源

（1）城市结构

完整的开封古城风貌已经不复存在，现仅遗存城墙、护城河、内城河湖以及城市中轴线等要素，但是通过对古画、文献著作等史料的整理和分析，设计师提炼出开封历史城市的结构特征，为城市空间结构和景观体系的建立提供依据。

（2）均质—异质

中国传统城市在均质的空间（里坊式、网格化）内布置异质要素（宫殿、衙署、钟鼓楼、牌坊、园林等），在保证秩序和整体性的同时，形成多样化的城市空间。

图 4-54　中意新区城市设计总体鸟瞰（西南）

（3）街巷格局

开封城市街巷格局尚在，御街、书店街、徐府街等商业街市繁荣，人性尺度的街巷和连续的城市界面形成了开封极具特色的城市肌理和空间特征。

（4）建筑风貌

崇文崇德、坚韧不拔、敢为人先、和谐奋进是开封的城市精神；形体厚重、大方质朴是开封地域性建筑特征；红色、黄色、棕褐色、青灰色、白色是建筑常用色彩。

（5）中意湖

围绕中意湖打造的景观空间是组织城市公共生活的关键要素，是城市特色建构和活力激发的宝贵资源。

中意新区作为开封新城规划建设的示范，是对开封城市历史地位的一种重新书写与建构，并力图使开封在新一轮经济建设与社会发展中和区域发展总体格局中，彰显自身文化特色，建立独特适宜的经济模式。

2）新宋式现代城市风貌 ——承宋之繁华神韵，创新之盛世篇章

各类园林和绿地在宋代都城内外星罗棋布，园林的渗透与城市气质将获得高度的匹配，成为新城空间和形态的重要构成。设计师引入中国传统园林设计手法进行塑造，并兼具中国传统城市特色和现代 CBD 特征，组织充满特色的城市公共空间体系，激发城市活力，设计出时代感和地域性并存的城市形态。

开封中意新区的城市设计在宋文化的基础上进行再创造，城市形象特色脱颖而出，设计师创造性提出“承宋之繁华神韵，创新之盛世篇章”的设计目标。围绕湖面的若干标志性公共建筑的布局、体量、形式、风格、色彩等，力求在和谐统一的环境中创造出自身个性、特色，和而不同，打造“外在古典，内在时尚”的“新宋风”风格（图 4-54、图 4-55）。

图 4-55　中意新区城市设计总体鸟瞰（正南）

（1）在均质的城市空间中设置核心要素，意象中国传统城市格局

以中意湖水域为脉，将行政中心、会展会议两中心、博物馆及规划馆、音乐厅、图书馆美术馆等公共服务建筑空间节点串联起来，凸显开封“北方水城”的地域特色。围绕湖面设计了以传统建筑的“宫、城、市、阁、院”为主题的城市开放空间体系：宫—行政中心、城—博物馆和规划馆、市—会展中心、阁—音乐厅、院—图书馆和美术馆。建立城市地标体系，强化城市空间的结构，并形成城市空间轴线的对景：博物馆同会展中心、音乐厅和图书馆美术馆分别沿中意湖对称布置（图 4–56）。

（2）序列——“一核两轴”

一核，指以中意湖为核心的公共景观园林成为“都市明堂”。中意湖新区核心景观水系绿地公园在城市网格系统的格局中处于中心对称位置，形成核心景观区，并以此向外围城市功能区扩散，构筑大尺度的公共景观，为大型公众活动提供绝佳平台（图 4–57）。

两轴，指文化横轴与景观纵轴勾勒出宋都气势（图 4–58）。文化横轴是由博物馆与会议会展中心形成的，现代城市形象展示与传统文化陈列轴。景观纵轴是中意湖公共地景园林结合功能分区，由南至北形成市民型公共空间和市政型公共空间纵轴，容纳多种类型的城市生活。

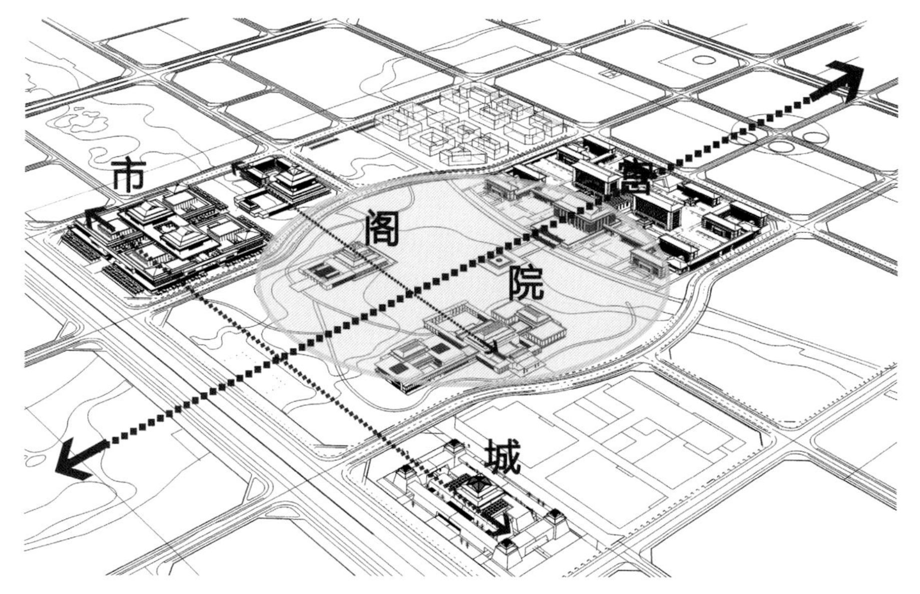

图 4–56　中意新区城市设计理念

图 4-57　东侧图书馆与西侧音乐厅互为借景

图 4-58　文化建筑与景观设计相映

（3）公共开放的景观核心将使城市具有巨大的向心力

中意新区核心区，以最北端的开封国际交流中心和南端的中意湖公共园林区形成南北轴线，大气开放，是中心区的内核，城市公建、商业、住宅等构筑物合理分布于内核外围的道路系统中，由外向内与核心景观区形成强大的向心结构，建立了多层次的公共空间体系，使生态景观和城市公共活动向周边区域辐射（图 4–59）。

（4）建筑与城市界面

区域内行政办公建筑采用合院式的建筑排布方式，并控制建筑主体高度不超过 40m，形成厚重的建筑风格和连续完整的城市界面，在保证土地开发强度的同时，避免出现高层建筑“插蜡烛”的现象。

（5）道路尺度控制

通过增加次干路和城市支路，控制道路间距 150 ~ 200m，形成小尺度的街区规模和更多的临街面。同时每个地块面积保持在 2 ~ 3hm^2，有利于区域内的交通疏解和开发规模的适度控制。

（6）可灵活散步的园林空间将使城市更加宜居宜游

小网格化的街道格局、多层低密度城市肌理、绵延的街巷系统，为园

图 4–59 从北侧开封国际文化交流中心南望中意湖

林提供了空间基础。开封为中原城市，四季相对分明，气候相对干燥。园林对城市生态系统良性循环和城市景观塑造起着重要作用，适宜的建筑体量、街巷尺度等与园林系统的融合将为新城构建强大的“绿色底盘”。

2.“东京梦华”启示下的新宋风——开封博物馆及规划展览馆建筑设计

开封博物馆及规划展览馆项目基地位于开封中意新区的核心位置，占地约 50500m^2，总建筑面积 75400m^2，其中地上 57800m^2、地下 17600m^2，是开封的标志性建筑，既延续了城市特色，又为打造新的城市风貌作出了有益的探索（图 4-60、图 4-61）。

1）传统风格和现代文化共生的和谐建筑

城市规划和建筑单体是处于不同阶段、不同尺度的设计，各自的层面、角色都不相同，围绕中意湖面的几个标志性建筑，首先应在城市尺度上做到统一布局，再创造自身特色。开封博物馆和规划馆就是这组若干标志性建筑群的单体设计之一。

开封博物馆及规划展览馆的设计构思充分发掘开封“三重城”“城摞城”“四水贯都”等历史资源，并结合宋代建筑中央殿阁高耸、四周院落环绕的组群布置特点进行设计（图 4-62 ～图 4-66）。

图 4-60　开封博物馆及规划展览馆西南鸟瞰

图 4-61　开封博物馆及规划展览馆西北鸟瞰

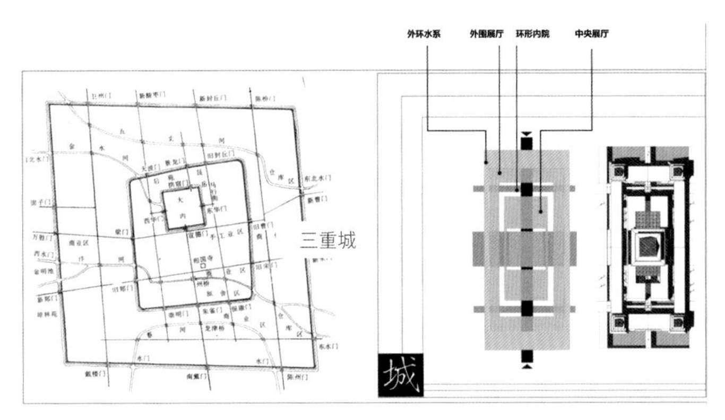

图 4-62 设计理念：三重城

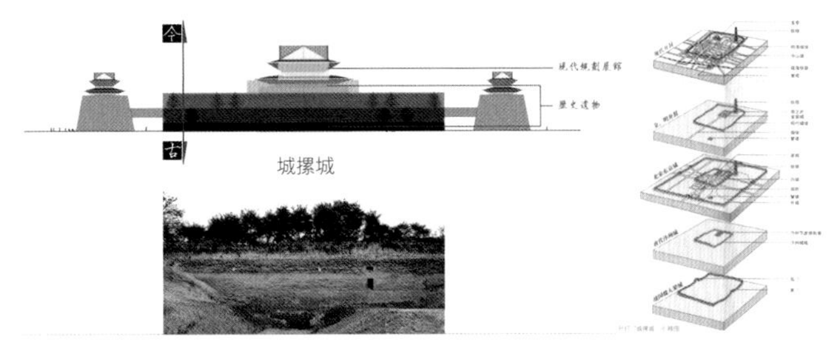

图 4-63 设计理念：城摞城

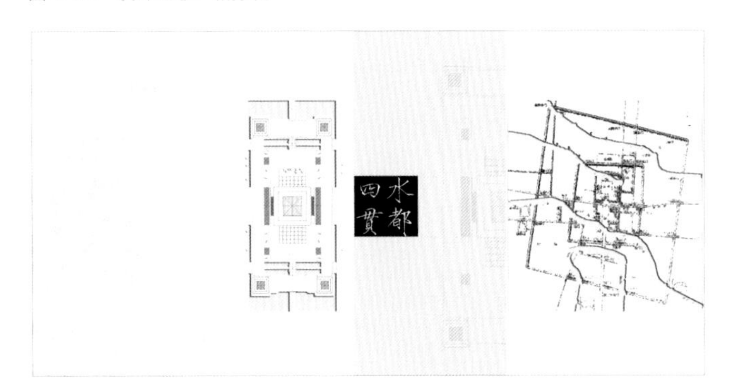

图 4-64 设计理念：四水贯都

图 4-65 设计理念：宋画

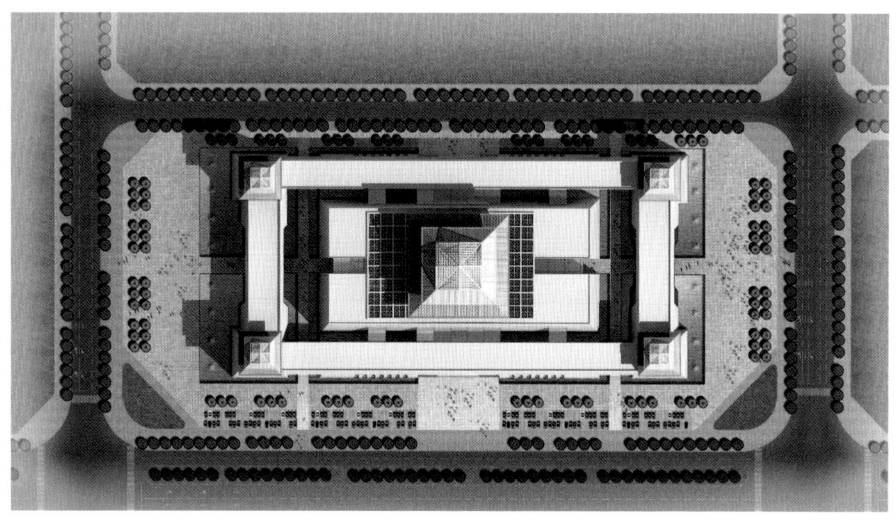

图 4-66 开封博物馆及规划展览馆总平面图

开封素有“北方水城”之美誉，开封市政府确定了“四河”连通“五湖”的“宋都水系工程”这一宏伟蓝图。因此，在博物馆建筑主体之外，还设计有外环水系景观，以求呼应北宋东京城“四水贯都”的城市特色。外围环境与中心主体之间由环形院落相联系，构成大小不同、开放性不同的院落，也是博物馆的室外展场。

主体简洁方正，突出北宋开封三重城格局特点，由外围、环形内院和中心主体三部分组成，格局近似一个拉长的“回”字形：外围形体为二层，四角各设角楼，中心主体为三层，中央塔楼局部五层并设有观景平台，可以总揽开封中意新区全景。建筑外围与中心主体之间由环形院落联系，局部二层架空以连通庭院与外广场视线，空间虚实相生，整体是以四周较低的建筑拥簇中央高耸的殿阁，体现宋代建筑组群特征，展示新宋风的设计理念，并结合外环水系景观，呼应北宋东京城“四水贯都”的城市特色。

博物馆外墙设计寓意文明的叠压。墙面倾斜角度与现存城墙遗址的倾斜角度保持一致，饰以磨毛面黄金麻石材，并划分为不同高度和宽度，通过一系列的错缝、前后凸凹模拟不同时期城墙的考古断面，来隐喻开封“城摞城”的奇观，外墙表皮从比例、色彩到质感与开封古城墙相呼应。主入口细节设计通过梁柱的层叠交错，体现传统建筑构件斗拱的韵味（图 4-67 ~ 图 4-69）。

图 4-67　开封博物馆及规划展览馆西立面

图 4-68　开封博物馆及规划展览馆南立面

图 4-69　叠压感的倾斜外墙

2）外在古典、内在时尚的建筑设计策略

开封博物馆及规划展览馆的外形设计在提炼宋代传统建筑特征的基础上，使其与现代功能、技术和审美意识相结合。一方面，在形制、构图、比例上承袭其特色，在立面元素、装饰符号运用上因地制宜、大胆创新；另一方面，内部功能设计满足现代博物馆及规划展览馆的空间需求。

（1）复合功能

开封博物馆及规划展览馆整体规划建筑布局沿郑开大道展开，东西向中轴对称排布。建筑整体具有博物馆及规划馆的双重功能。

博物馆部分主入口设于西侧，面对中意湖广场。空间序列次序依次从前区广场到半开敞环形庭院，然后进入室内中庭和中央塔楼。内部展厅围绕中央呈“回”字形组织，展厅分为外围展厅和中央展厅两大部分。外围展厅主体为两层，围绕中央展厅成“回”字形布置，二者通过室内连廊形成连续流线。空间开合变化，内外交替。一层主要布置临时展厅、主题展厅和贵宾接待厅、报告厅、4D 影厅、咖啡茶座等公共服务用房及设施。在北侧结合地下一层文物库房及藏品运输流线，布置有库前区和技术修复用房；二层主要布置为各常设展厅（图 4-70、图 4-71）。

规划馆部分由东侧进入，一层主要为入口门厅，主要展厅位于主体三层。观众可以从一二层的博物馆游览到三层规划馆，从下至上，各层陈展内容从博物馆的历史部分到规划馆的城市发展蓝图，观众可以先了解到开封城的历史的厚重积淀，在观展过程中逐步过渡到城市规划未来的展望，形成完整的心理体验，将两馆合一的不利转化为优势（图 4-72、图 4-73）。

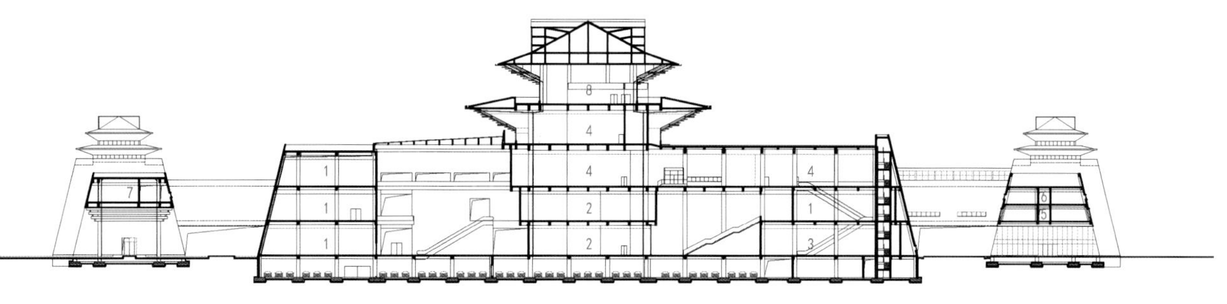

图 4-70 开封博物馆剖面

图 4-71 博物馆入口中庭休息厅

图 4-72 规划展览馆入口门厅

图 4-73 规划展览馆边厅

（2）环境营造

景观设计为规则式构图，采用中国传统园林格局与现代建筑形式相结合的手法，营造外广场、大水面、内庭院环境的空间格局。主次出入口通过广场、水面，从尺度上烘托主体建筑，广场周围集中设置层次丰富的组团绿地，点缀广场环境。将水系引入主体建筑内庭院空间，内外相呼应；通过建筑通廊，拉通内庭院与外广场视线，空间虚实相生，静动结合。

整体室外景观环境与博物馆主体建筑风格（“宋风”）相协调，突出人文氛围，注重观赏性。主体建筑作为入口广场的大背景，水系环绕主体建筑，建筑与水景交相辉映，营造“四水贯都”之景象。设计简洁大方，兼顾功能。主次出入口广场开阔，水景静怡，烘托主体建筑，南北入口透过建筑内庭院形成视线通廊，主体建筑周围广场共同构成了疏散场地（图4–74、图4–75）。

开封市博物馆及规划展览馆“外广场、环水面、内庭院”的空间组织和“外在古典，内在时尚”的新宋风风格是城市设计指导下的产物，同时其建筑形象又为开封中意新区的城市规划贡献了力量，二者相互影响和制约，统一中求变化，继承传统又耳目一新，实现了“承宋之繁华神韵，创新之盛世篇章”的设计目标。

图4–74　西侧主入口水系

图 4-75 西侧入口内庭院

/ 六 /
山海关中国长城文化博物馆

2019 年 12 月 5 日，中共中央办公厅、国务院办公厅印发《长城、大运河、长征国家文化公园建设方案》。长城承载着中华民族伟大的创造精神、奋斗精神、团结精神和梦想精神，建设好长城国家文化公园对弘扬中华民族精神至关重要。

山海关中国长城博物馆是长城国家文化公园的核心建筑，是展示、研究与保护长城文化的国家级博物馆，是在新的时代展现国家意志、讲好中国故事、弘扬爱国主义精神、传播长城文化的重要载体。

建筑位于山海关角山长城脚下，总用地面积 46800m^2，总建筑面积 29911m^2。主要建设内容包括展览区、藏品库房区、交流区、研究及业务用房、服务及设备用房等。设计团队通过对中国长城体系与建筑场地特征的研究，提出了“融于关城一体的长城体系”“藏于角山自然与人文环境”的设计理念（图 4-76）。

1. 从中国长城防御体系到博物馆设计布局策略

长城是中国也是世界上修建时间最长、工程量最大的一项古代防御工程，自西周时期开始，延续不断修筑了 2000 多年，分布于中国北部和中部的广大土地上，总计长度达 21196.18km。这庞大的防御工程不仅是一道墙，更是一个关城一体、跨越东西，包含各类大小不等城堡的综合防御体系。

图 4-76　长城博物馆鸟瞰

这些城堡按照等级分为镇城、路城、卫城、关城和堡城，承载着建造、驻军、屯田、商贸等功能。这些城堡大小不一，小的城堡边长仅几十米，大的则逐渐发展成为周边重要的中心城市，如辽东镇、宣府镇、大同镇、榆林镇、宁夏镇等明代九边重镇。随着时间的流逝，这些城堡逐渐成为长城沿线人们生活的家园。

山海关长城体系由长城城墙以及山海关关城、西罗城、东罗城、南翼城、北翼城、宁海城、威远城七大城堡组成。山海关城四周有护城河萦绕，形制严峻。东、西罗城簇拥关城，南、北翼城形成拱卫之势。威远城在山海关城东二里的欢喜岭上，起屯兵前哨的作用。宁海城是山海关老龙头军事防御体系的重要组成部分，直入渤海。

山海关中国长城博物馆位于角山长城脚下，向北正对角山主峰，向东距离长城 210m，在长城保护带之外。博物馆以方城作为设计理念，使其成为山海关关城体系的第八座城堡，融入山海关关城体系中，成为研究、展示、保护和宣传长城文化的一座新的城堡（图 4-77）。

图 4-77 长城博物馆设计理念

2. 从角山环境出发的中国传统建筑布局策略

角山距山海关关城北约 3km，是燕山余脉，海拔 519m。角山是万里长城从老龙头起，越山海关，向北跨越的第一座山峰，所以人们又称它为“万里长城第一山”。博物馆选址位于角山长城山脚下，海拔 70m，向北仰望角山，山势气势恢宏，向南远眺关城与渤海，视野开阔，整个山海关长城体系一览无余。

中国传统建筑不以自身的宏大而突出于环境，而是通过轴线设置、体量对比等手法，讲究依山就势，建筑融入环境，突出整体环境氛围的宏大气势。

建筑以角山主峰为中轴，形成一座边长为 110m 的方城。南立面为建筑主入口，建筑以水平向的体量突出山势的高耸，使建筑与角山共同形成南向具有礼仪性的空间序列（图 4-78）。

用地内部有 6m 高差，设计师利用高差，将建筑一层半掩在环境中，北侧在二层设置出入口，与北侧场地标高相接。东西两侧绿树成荫，而建筑形体也通过连续坡道、虚实对比等设计手法消减了建筑体量，取意长城蜿蜒曲折的走势，显得较为轻松灵动（图 4-79）。

建筑的二层从北侧起设置绿坡，往南延伸到三层，这样从北侧看建筑，仅有三层的方形体量轻轻悬浮在绿地之上，三层部分边长 70m，建筑收小体量后，与北侧的水面形成舒适宜人的环境尺度（图 4-80）。

图 4-78　博物馆主立面

图 4-79　博物馆北立面

图 4-80　从北侧湖面看向博物馆

/ 七 /
贾平凹文化艺术馆

贾平凹文化艺术馆位于西安市临潼骊山脚下，总占地面积 6700m²，总建筑面积 4600m²。

建造贾平凹文化艺术馆的目的，一方面是将贾平凹先生一生的成长经历、文化作品及艺术修养整合梳理，直接呈现给公众，并与大众共享、感受他的人生哲理；另一方面也是通过建筑语言本身来诠释他的艺术思想和精神场所，使公众能直观而便捷地从建筑中解读和感受地域文化及艺术家自身的思想内涵。艺术馆主要展示贾平凹先生的文学资料、图片影像和实物，如实反映作家的成长历程和创作经历，同时展示了贾平凹先生多年来个人藏品、书画作品等。

1. 寻找关中文脉

作为中国当代最具影响力的作家之一，贾平凹先生既是从陕西黄土地走出来的西部作家中的领军人物，又是从农村走出来，是地地道道的关中农民，并且一直生活在陕西文化和关中民风之中，少年时代的复杂阅历，塑造了贾平凹先生俭朴、吃苦、坚韧、善于思考且从不张扬的个性。在构思上，贾平凹文化艺术馆应从关中乡土建筑和贾平凹先生文学风格中去寻找创作灵感，将关中院子围合、封闭及序列的设计内涵与贾平凹先生喜欢建筑朴实无华、空间封闭安静的艺术家个性贯穿整合在整个建筑创作之中。因为在表现名家艺术馆时，艺术家特定的审美追求和个性喜好对设计中的风格、功能、空间及艺术都有特定的影响。建筑方案先以关中民居与现代建筑的对话为切入点，在平面布局中，将关中民居四合院的平面和现代简约的几何体组合为一体，并通过叠加、旋转、碰撞、割裂，组合成了一组新的大小不同的空间序列。其中主馆建筑为关中四合院正房与厢房围合的院落平面和主馆中的小庭院，正好与贾平凹的“凹”字的形式合而为一，具备了很强的空间感和主导空间。由于将第二组现代几何体与主馆在平面及空间上进行旋转、裂变，在关中四合院的周围割裂出几组不规则的三角形院落空间，三角形院落相比于正南正北的传统型院落，少了死板，多了碰撞。这些空间依附和穿插在主体内外，但又不脱离主体，形成了适度和交错分散的多院落体系，创造出不同于普通形式的空间感，反映出传统建筑与现代建筑的融合与碰撞，这也正是贾平凹先生文学作品里洋溢的文化转型中传统与现代碰撞与冲突的主要风格（图 4-81、图 4-82）。

建筑造型上，建筑师将关中民居屋子半边盖的单坡屋顶形式与三合院形式用现代建筑的手法提炼其内涵，将简洁、夯实、大气的外部造型和建筑符号整合为新的建筑语言，形成外实内敞的深宅大院。

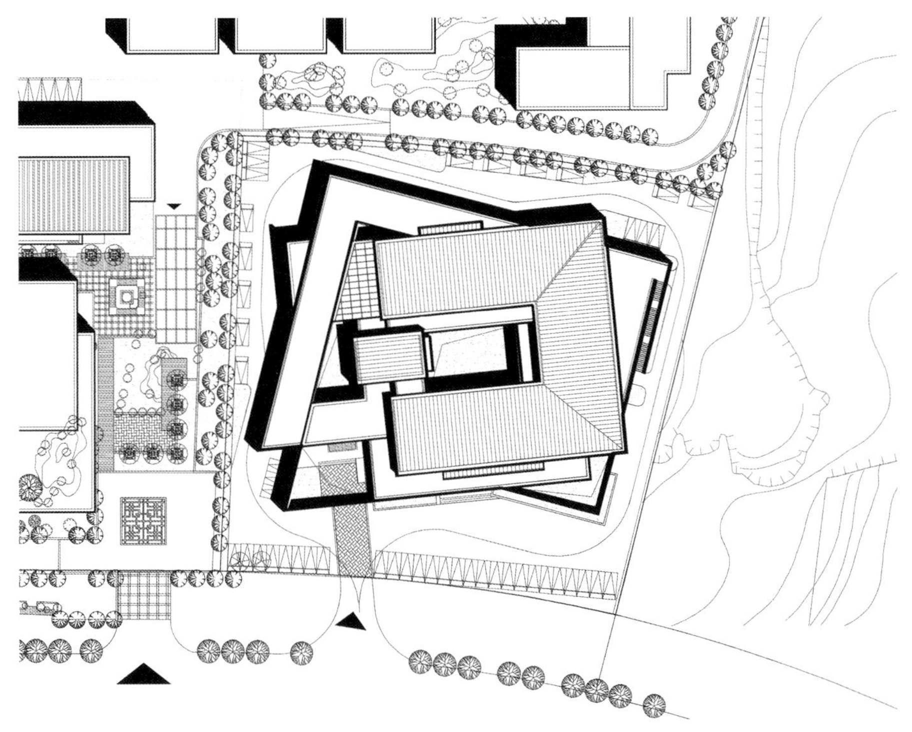

图 4-81　贾平凹文化艺术馆总平面图

图 4-82　贾平凹文化艺术馆鸟瞰

2. 传统夯土墙的现代表达

贾平凹文化艺术馆总体位置在临潼骊山脚下的一个坡地上，在艺术馆主入口前院处有两组高大的实墙面。其中一组斜墙面与主墙面形成一个夹角并斜插入主墙面。在斜墙面上，将贾平凹先生的文学巨著书名及名言刻在墙面上，组成了一个文化背景墙，既与主入口形成一个导向和呼应，又将关中的黄土地的夯土墙与贾平凹先生的思想结合在一起，使参观者从下而上走到馆前广场，起到引导作用。同时，外墙材料以黄土地的夯土墙为肌理，粗犷而沧桑，通过夸张放大文化墙给人以震撼，让人感受到贾平凹先生其人其作品是深深根植于这片黄土地上的（图 4-83 ~图 4-86）。

图 4-83　西南立面

图 4-84　文化背景墙

图 4-85　从室外台阶上近距离看夯土墙肌理

图 4-86　入口庭院

3. 传统关中民居与现代建筑的对话

设计通过文化墙、垂花门、大宅门、青砖墙、漏窗等建筑语言来诠释贾平凹先生的艺术思想。前院入口是一个经过尺度夸张的关中民居牌楼的剪影门洞，参观者先进入一个安静的前院，通过短暂的停留，步入青砖庭院，以大实墙面为背景下可看到一棵桂花树，将城市喧嚣和浮华抛在脑后，沉静心灵之后再进入艺术馆主体。

主馆的大门则是一个被放大的、完全地道的传统关中民居的垂花门，与前院剪形镂空的牌楼相呼应，亦实亦虚。因为关中民居一般门都开在院落倒座的侧东南向，正对厢房的侧墙，不正对院落和正房，使人不会一目了然地看清院落；所以该馆的入口也没有正对大厅，门厅与室内大厅形成 90° 直角，使建筑内部主体空间不会一目了然地展现在参观者面前（图 4-87）。

进入门厅正对着的是另一个三角形庭院，庭院内有几块关中秦岭山下的巨石和拴马桩，地面铺以鹅卵石，整体庭院朴实、简洁、无华，因为贾平凹先生曾经把自己比喻成一颗天上来的“丑石”，他说是自己给自己打气，“丑石”坚硬顽强、从不张扬。设计既反映出贾平凹先生做人风格，同时又将室外景观引入室内（图 4-88）。

图 4-87 从剪形镂空牌楼看入口庭院

门厅的右侧是展厅，展厅的平面布置既是关中民居三合院的平面布局，又呈凹字形，上下两层。一层为贾平凹先生的作品，分为四个区域：贾平凹先生的人生经历及作品展示区，贾平凹先生的艺术收藏展示区，贾平凹先生字画展示区，文化沙龙交流区及书屋。二层为影像厅、艺术家及艺术作品展示区，主要是其他艺术家及艺术作品巡回展示，也使贾平凹文化艺术馆不是一个静止的展示空间，而是与贾平凹先生文学及艺术作品产生对话的互动空间。参观者在这里既可参观馆内的展示内容，又可向外欣赏内庭院的景观，达到步移景异的效果。在凹形中间形成主馆的中心庭院，庭院设计了一个镜面水面，在水面上还放置了一块巨石，反映出贾平凹先生静与硬的个性。

整个贾平凹文化艺术馆的设计是从传统民居建筑中寻找素朴的文脉与苍古的意境，挖掘和提炼出民居建筑符号的逻辑元素，同时将贾平凹先生文化思想整合到民风建筑中形成新的秩序，并从现代建筑中折射出传统建筑的神韵，追求神似，使建筑的总体构思、空间序列、建筑尺度、单体风格以及材料肌理与传统建筑相和谐，在尊重历史而不是模仿历史的同时，赋予它新的气质和涵义。

图 4-88　内庭院

/ 八 /
北京大学光华管理学院西安分院

北京大学光华管理学院（简称“北光华学院”）西安分院是除北京本部之外，继深圳、上海之后的第三所分院，学院2014年选址于西安临潼国家旅游休闲度假区骊山脚下，凤凰大道与芷阳三路交会处，紧邻贾平凹文化艺术馆和悦椿温泉度假酒店。项目总用地面积39990m²，总建筑面积54994m²，含办公区、教学区、报告厅、学员酒店等功能区。学院周围区域自然环境优美，历史文化底蕴深厚，在此片区之中，塑造一座与周围环境相协调且具有文化格调的高等学府是建筑师创作设计中研究的重点（图4-89）。

图4-89　燕园堂

1. 基于中国传统书院与关中传统民居的院落重塑

传统建筑随着时间的消逝经历了沧桑巨变，但中国本土文化讲究集聚氛围和个体随意性相互交流，能聚能分的生活形态一直在延续。从古至今的中式建筑都离不开“院”，设计团队将院落空间的塑造贯穿设计的全过程。

学院的规划从中国传统书院以及关中民居的布局中寻找灵感，将中国传统书院礼制轴线与关中传统民居院落空间的理念融入新校区，学院的总体布局形态原形取自中国传统书院“居中为尊”与关中传统二进院民居的布局理念，将其进行解析、重构和尺度放大，将不同功能的建筑与场院围合，并巧妙地处理地形高差，营造出具有序列感的前庭广场和内部庭院（图 4-90）。

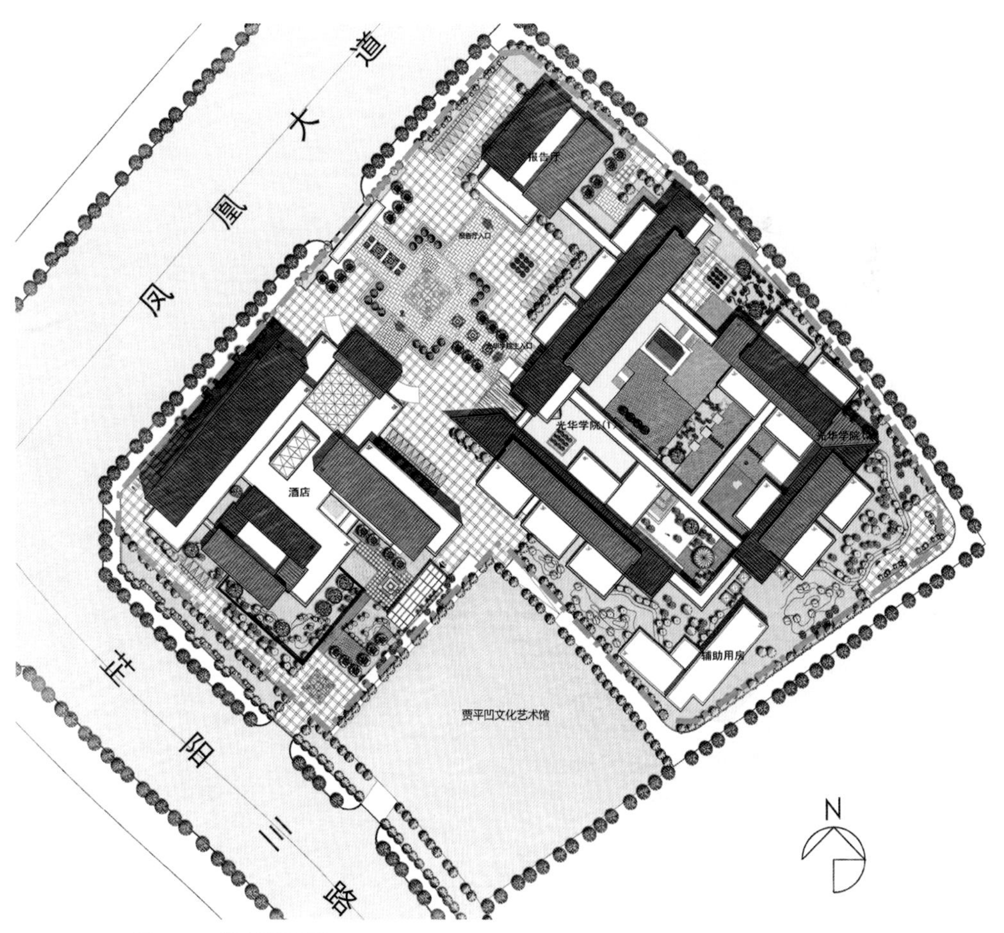

图 4-90　学院总平面图

图 4-91　前庭广场

前庭广场（图 4-91）是整个学院的文化礼仪广场，通过学院大门与报告厅、学员培训酒店围合而成，是学院形象展示的主要场所。学院大门位于学院用地的北端，报告厅（图 4-92）、学员培训酒店分别位于大门东西侧，二者在满足日常教学的同时，也对外开放。综合教学楼位于大门的正前方，作为学院主体建筑，承担办公、展厅、图书馆、会议、教学等功能。三座建筑与主题雕塑、景观绿化共同围合出中式院落的第一进院落——开放的前庭文化礼仪广场。人处于院落之中，可以将学院的整体风貌收于眼底。

穿过礼仪广场，走上缓慢抬升的大踏步抵达教学区。教学区由综合教学楼与东、西、南三面的教学楼有机组合，围合成第二进院落——教学内部庭院。综合教学楼相当于传统四合院中的倒座，主入口位于倒座的西侧，没有正对内庭院，由综合教学楼进入大厅，便可看到大厅的一面文化墙，文化墙取义“关中院子的照壁”。照壁前放置了一把由不锈钢“树枝”交错拼合而成的座椅，寓意：“十年树木、百年树人”。其他各楼位置与关中传统民居四合院中的厢房、正房一一对应。设计团队在校园规划中，继承了中国传统书院的造园手法，并将关中两进院子的建造思路整合到设计中加以演绎，塑造出高低错落的建筑群、围合有序的院落空间，自然形成了一组半开放式的教学场所。

图 4-92　报告厅

2. 场所营造回应中国传统造园手法

中国本土文化及生活哲学映射在建筑脉络上即“群落式宅院建筑”，所以民风建筑不过于强调单体本身，而更注重室外活动场所的营造。内庭院是整个学院文化交流与传承的核心场所，故在内庭院设计中继承了中国传统造园手法，通过连廊的运用与地势高差的处理，将内庭院划分为中心庭院与两个附属庭院。中心庭院由三部分组成：首先，在庭院的前端（北端），设计了一座北京传统卷棚老宅作为学院的交流会客场所，题名“燕园堂”（图 4-93），以此来唤起人们对北京大学老建筑的情感共鸣，北大校园与关中书院由此展开了一场“穿越时空”的“亲密对话”。其次，在庭院中部与后部分别设计了一个开放式演讲广场和一个交流场院（图 4-94），作为校园开放性空间组织和诱发校园中人与人的交流以及人与环境的沟通。在场院一侧，设计师安放了一尊蔡元培先生的雕像（图 4-95），学者们围坐在蔡先生坐像前讨论的场景，让人觉得历史仿佛就在昨天，大学堂以及一些具有重要意义的历史照片与资料也被复刻到西安分院的庭院、校史馆、图书馆里，抽象而诗意地再现北京大学的人文历史，成为北大面向西部又一个高等学府的文化殿堂，更加彰显北京大学深厚的文化底蕴。教室、交流区、室外庭院三者联系紧密，衔接自然，形成了立体的空间链，营造出富有节奏变化的空间序列。

图 4-93　从台阶步入燕园堂

图 4-94　演讲广场与交流场院

图 4-95　蔡元培雕像

3. 单体营造表达传统关中民居的形式与意韵

关中地区素有“陕西屋子半边盖”的说法，建筑师以关中传统民居这一特点为基础，并进行了抽象与演绎。学院单体建筑继承了关中民居屋子半边盖的建筑形式，提取关中传统民居的形式语言，将新中式的构图形式与现代半边屋的几何构图形式有机组合，使北大校园文化与关中地域文脉完美结合，塑造出几组现代简洁并具有地域风格的建筑形态。

建筑细部处理上，建筑师将关中传统书院及民居建筑的符号、材料、营建技艺用新的语言形式组织，既继承了传统建筑的精神，又体现了强烈的时代气息。建筑色彩方面，建筑师设计了灰黑色的屋顶和米黄色的墙面，与关中传统民居灰瓦、黄土麦草土坯墙的组合方式相吻合。建筑材料方面，建筑师以灰黑色的顺坡直立边铝板来刻画屋面瓦的肌理，金属屋面取代传统瓦屋面，成功地塑造出现代坡屋面形式，勾勒出整个学院的天际线。建筑外墙面以米黄色锈石（花岗岩）错落排列，反映关中黄土墙面的质地，并有一种厚重感。除此之外，设计师在外墙窗洞上局部点缀木质墙面，使建筑更具有关中建筑黄墙、灰瓦、木门窗的地域特征，凸显细节之美。酒店中庭的墙面开窗构成错落有致（图 4-96），细细品读，颇有粗中带柔的寓意，如同关中人一样，虽外表粗犷，内心却不失那一分细腻。

北大光华学院西安分院的设计理念，是现代建筑与传统建筑进行的一次时间延续和隔空对话，也是高等学院建筑空间研究与塑造的一次尝试。设计中，建筑师受到中国传统书院的造园手法与关中传统民居院落空间的塑造的启示，并基于此加以创新。设计充分尊重骊山脚下优越的自然环境与关中地域文化，并将北京大学的人文精神巧妙地融入建筑，强调高等教育建筑的地域特征与时代特征，赋予建筑群落以场所精神。几组建筑伴随着地势高低错落，富有节奏变化的坡屋顶彼此交织，相互掩映，自然地融入这片土地，与不远处的骊山组成一幅唯美的画卷。

图 4-96　酒店中庭

/ 九 /
江苏丰县大汉坛文化景区

大汉坛文化景区选址位于江苏省徐州市的丰县境内，占地约 45.2hm^2。景区由南向北，主轴线上依次主要规划设计有入口阙门、汉源大道、汉文化博物馆、汉兴广场、祖陵仪门、祭祀大殿、寝殿、汉里祠等序列的空间广场及建筑群体。

1. 项目选址及文化溯源

丰县是汉高祖刘邦的故里，也是刘邦的曾祖父刘清的墓冢所在地，由于汉朝皇族的故乡在丰县，而后世刘姓多源出于汉室，故均以汉皇陵的主人刘清为始祖。因此，今天的丰县已成为海内外刘姓家族寻根问祖之地。随着根祖拜谒文化的扩大加之对汉代文化展示的诉求，当地政府便开始着手汉皇祖陵文化景区的打造，景区是以刘清之墓冢为核心文化资源，在文物保护与修缮的基础上拓展而成的一座文化景区，墓冢区域现存三进院落，为明清古建筑群，县级文保单位（图 4–97）。大汉坛作为其中的核心建筑，既要满足区域内的标志性作用，同时也要兼备汉代文化展示的功能，从某种意义而言，对其精神内涵与场所精神的追求高度，要与大汉王朝的地位甚或是华夏民族的融合相匹配（图 4–98）。

从项目的背景而言，汉代文化成为重要的历史文化语境，然“汉文化就是楚文化，楚汉不可分。尽管在政治、经济、法律等制度方面，‘汉承秦制’，刘汉王朝基本上承袭了秦代体制。但是，在意识形态的某些方面，又特别是在文学艺术领域，汉却依然保持了它的南楚故地的乡土本色[①]”。楚汉文化一脉相承，在内容和形式上都有其明显的继承性和连续性。因此汉代文化彰显着楚之浪漫精神与先秦理性精神的融合与共生，从而催生出独步世界、闪耀银汉的历史光华。秦虽有经营统一之功，而未能尽行其规划一统之策。中国近代史学先驱柳翼谋先生曾言：“凡秦之政，皆待汉行之。秦人启其端，汉人竟其绪。[②]”按清末史学家夏曾佑所议：“中国之教，得孔子而后立。中国之政，得秦皇而后行。中国之境，得汉武而后定。三者皆中国之所以为中国也。[③]”大汉王朝乃是承前启后，继往开来的时代，“为中国版图之确立、为中国民族之抟成、为中国政治制度之创建”奠定了基础，

① 李泽厚．美的历程 [M]. 北京：生活·读书·新知三联书店，2017.

② 柳翼谋．中国文化史 [M]. 长春：吉林出版集团股份有限公司，2016.

③ 夏曾佑．中国古代史 [M]. 石家庄：河北教育出版社，2000.

图 4-97 大汉坛文化景区旧照

图 4-98 大汉坛文化景区鸟瞰

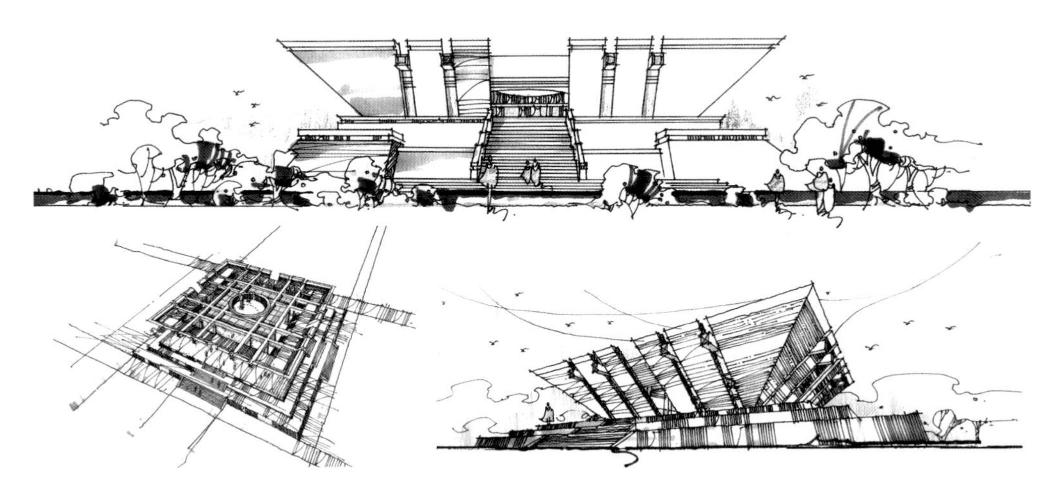

图 4-99　祭祀大殿构思草图

同时它始于多元，果于复合，“为中国学术思想之奠定”[①]，为文化中国之形成起到了不可磨灭的作用。建筑虽不比文学，可以描述无穷无尽的场景，在历史的尘埃中，我们也很遗憾，汉代的建筑大多没能像汉赋那样久远流传；但从仅存的画像石、画像砖和古壁画中，我们依然能够畅想当时的江山雄伟、城市繁盛、商业发达、物产丰饶。汉代的艺术始终追求一种异常单纯简洁的整体形象，以其简化的轮廓，构筑整体气势和形象，使得粗犷的气势不受约束而更加带有非写实的浪漫气息。

2. 建筑形式与意蕴

祖陵区以祭祀大殿为核心建筑，以夯土台为基座，在基座上设计了一个上大下小的斗方形体造型，面向苍穹，将方形的底座平面与顶部的圆形图案相呼应，表达了天圆地方的朴素哲学理念，在建筑顶面的圆顶和构架上刻以汉文化的纹饰图案，基座与部分连接体采用具有青铜质感的纹样素材，进一步表达了汉代文化的厚重（图 4-99）。设计力求以最简洁的几何形体与汉文化元素组合形成最大的震撼力，反映汉代文化建筑的质朴风格，深层次表达了祭祀的场所形象。整个祭祀大殿简朴而不失华丽，素雅工整，宛如园区内从天而降的一个巨大的汉代祭祀礼器（图 4-100）。

建筑分为两层，首层作为汉代文化展示，同时为整个建筑的基台，顶层 6.720m 标高之上，以方形的平面与顶部的圆形构件表现了天圆地方的朴素哲学概念（图 4-101），这里所隐喻的对象是“天人同一”“天人相通”“天

① 钱穆. 国史大纲[M]. 北京：商务印书馆，2013.

图 4-100　祭祀大殿建成后立面效果

图 4-101　祭祀大殿建筑细部效果

人感应”，这是华夏美学和艺术创作中广泛而长久流行的观念。汉武帝经董仲舒之谏，罢黜百家，独尊儒术，这正是《周易》经董仲舒所不断发展的儒家美学的根本原理，也是几千年来中国历代艺术家所遵循的实践原则，从今天看来，这一原则正是“自然的人化”思想在中国古代哲学和美学中的表现。[①]

3. 以现代建筑材料与建造技术表达汉代建筑精神内涵

建筑立面上，大面积采用土黄色仿夯土肌理的混凝土装饰挂板，点缀灰白色汉代纹样的肌理，虚实相生，板材尺寸分隔较大，整体性较好，图案表达自由，凸显出汉代文化的古朴与大气，加之灰黑色台座以及四个方向的大踏步，进一步表达了汉代文化的凝重与深厚。大殿主体为刚架结构，采用交叉梁系平面桁架，桁架支撑于钢框架斜柱之上，在钢桁架之上设置预应力钢索，建成后的祭祀大殿简朴而不失华丽，素雅工整，宛如园区内从天而降的一个汉代的祭祀礼器，成为参观游人心中一个挥之不去的精神符号与标志性建筑（图 4-102、图 4-103）。大殿主体为交叉梁系平面桁架大跨结构，外饰混凝土挂板、平面为四方“坛城”式布局，东西 99m、总高 19m，用适宜的尺度、简洁的造型、加之 45° 倾角，抽象而写意地概括了汉代文化的拙朴大美与震撼厚重，不仅深层次地表达了祭祀场所的应有意境也成为景区重要的精神符号，是一座集汉代文化展示与楚汉文化体验于一体的文化类建筑。方形的平面与顶部的圆形构图，表现了天圆地方的朴素哲学概念，土黄色仿夯土肌理的混凝土挂板，点缀灰白色汉代纹样的肌理，虚实相生，大道至简。

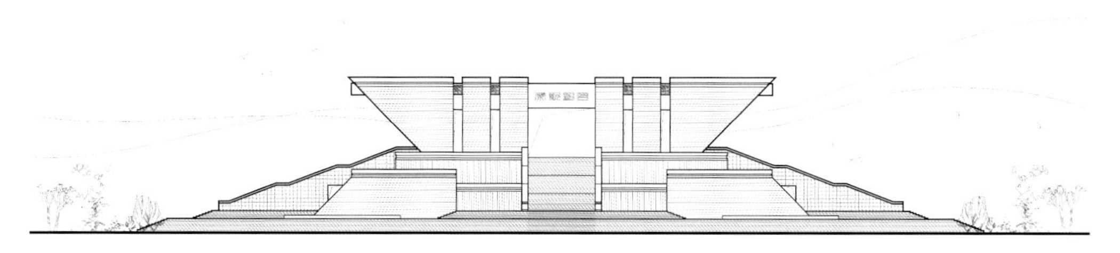

图 4-102　建筑单体主要立面图

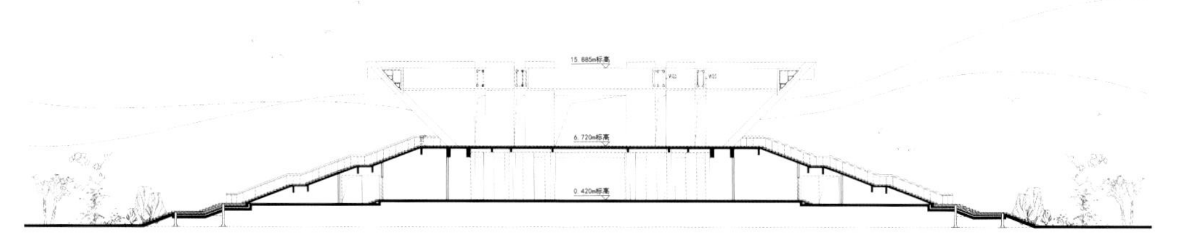

图 4-103　建筑单体主要剖面图

① 李泽厚．华夏美学 [M]. 武汉：长江文艺出版社，2019.

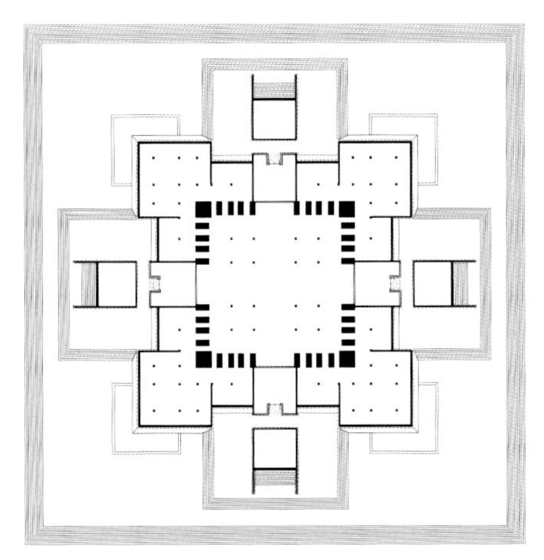

图 4-104 首层平面图

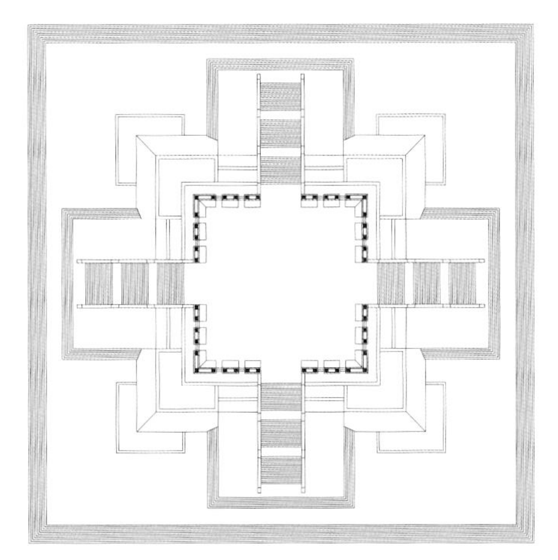

图 4-105 二层平面图

而今的汉皇祖陵文化景区已不仅是海内外刘姓家族的寻根问祖之地，更是中华民族重要的汉代文化展示区域。华夏民族的汉代文化，光华闪耀、独步银汉，大汉坛的外观设计则是对这种自豪与自信的高度概括与体现。在这里，建筑以其内在状态和形象图景，展现着一往无前的气势和浪漫气象，与“马踏飞燕”同理，一种运动的力量和拙朴的气势概括了汉代文化的意象（图 4-104 ~ 图 4-106）。建筑似乎没有细节，没有修饰，没有个性表达，也没有主观抒情；相反，突出的是高度夸张的形体姿态，是手舞足蹈的大动作，是异常单纯简洁的整体形象。这是一种粗线条粗轮廓的图景形象，但汉代建筑的精神内涵在这里得以抽象地提炼。

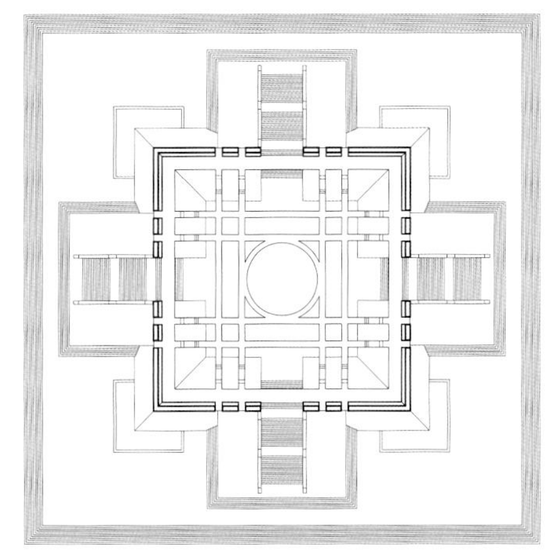

图 4-106 屋顶平面图

传统文化的现代转译，之所以称之为“转译”，可见并不是一种原真性的复制，而更多是一种创造性的转化与创新性的发展，是一种抽象性的继承和隐喻性的表达，其内涵要求我们的作品既要有时代性也要有民族性，抽象与隐喻好比是以传统文化为参照的一种动态和发展的方法体系，最终必将由新时代的建筑师们来不断地续写和持续地完善。

结 语

民族文化复兴已经成为当今时代的主流，尤其是在文化艺术领域，从国家民族独有的历史文化中寻求“灵感”，已经成为无须多言的“答案”。建筑设计作为与艺术、历史、文化紧密相关，同时又是与现代工业生产建造活动密不可分的一项实践生产活动，也有属于自己的难题。不同于绘画、音乐、文学等艺术形式，建筑作为大型建造活动，终究要落到实处，它借助现代工业生产技术完成，并满足日新月异的现代生活需求，而且这些生产技术和生活需求往往是以前的时代从未出现过的，这就造成了传统与现代共存的难题。

这道难题自中国第一代建筑师（主要是自20世纪初留学欧美的建筑师）起，就一直困扰着每个时代的建筑设计实践者们。中国建筑师们最初受到西洋建筑的冲击，比伦敦水晶宫给西方传统建筑的设计师们带来的冲击更加复杂。这种复杂不仅是建筑学视野下的形式、结构、材料等传统与现代之冲突，还包含国人对民族文化的自信心受到的巨大挫折。最终落到建筑设计上，一个核心表现就是关于建筑“形式”的讨论。从对“大屋顶”扬弃的变化历程中已经可以管窥一二。无论是全盘接受西方建筑（包括现代与古典）、坚持固守中国传统建筑，还是试图将二者综合起来，面对这道难题，解答方式都有各自的问题，也持续不断地引发每一代建筑师再思考、再生产。

随着对中国传统建筑研究工作的不断深入，以及对中国建筑创作及其理论的探索，当今的中国建筑设计已经从完全的传统形式之模仿发展为形式、材料、结构体系、设计方法等多种对传统的学习路径上。而伴随着中国综合国力的增强，当代的中国建筑师在面对西方的建筑设计时，起初或完全接受或完全拒绝的态度也发生了转变，对其学习借鉴的视角更为综合，对中西之建筑采长补短，因而造就了当今中国建筑设计百花齐放的局面。

在这样的建筑创作环境中，本书的出版希望能在传承传统建筑的智慧方面，于理论与实践两个层面提出更为系统性的学术总结与案例参考。正如李允鉌先生在《华夏意匠》一书中所说：“为传统而去继承传统是一个失败的经验，离开传统而去盲目地创新也是一个失败的经验。”同时我们也应当认识到，建筑设计是一项理论与实践并行的活动，若无理论，实践难以系统突破；若无实践，理论则有变为纸上谈兵的危险。这本《中国传统建筑的智慧传承》就希望能以系统性、创新性的理论总结落到实际的设计项目中，再以回顾式的思考提炼总结各个实践项目的设计理论运用之法。诚然，本书因篇幅及作者精力所限，还有许多不足之处，但仍希望能为破解前文所述之“难题”而不断努力的各位建筑师们提供多样的切入点，为各位建筑爱好者们提供图文并茂的历史、文化与设计知识。

参考文献

[1] 程建军 . 风水解析 [M]. 广州：华南理工大学出版社，2014.

[2] 于希贤 . 中国风水地理的起源与发展初探 [J]. 中国历史地理论丛，1990（4）：83-95.

[3] 亢羽 ，亢亮 . 中国建筑之魂：中国风水学与城市规划学 [J]. 资源与人居环境，2004（9）：30-35.

[4] 王其亨 . 风水理论研究 [M].2 版 . 天津：天津大学出版社，2018.

[5] 刘媛 . 北京明清祭坛园林保护和利用 [D]. 北京：北京林业大学，2009.

[6] 于姗姗 . 乾县历史文化名城保护与发展研究 [D]. 西安：西安建筑科技大学，2010.

[7] 张道一 . 考工记注译 [M]. 西安：陕西人民美术出版社，2004.

[8] 张伟 . 北京故宫的建筑伦理思想研究 [D]. 株洲：湖南工业大学，2010.

[9] 彭蓉 . 中国孔庙研究初探 [D]. 北京：北京林业大学，2008.

[10] 贾轲 . 正定县城寺庙建筑研究初探 [D]. 西安：西安建筑科技大学，2015.

[11] 谷建辉，董睿 .“礼”对中国传统建筑之影响 [J]. 东岳论丛，2013，34（2）：97-100.

[12] 吴良镛 . 北京旧城与菊儿胡同 [M]. 北京：中国建筑工业出版社，1994.

[13] 劳燕青 . 再论“天人合一”与中国传统建筑 [J]. 新建筑，1998（4）：55-57.

[14] 贾艳 . 城市寺庙前区开放空间形态研究 [D]. 西安：西安建筑科技大学，2007.

[15] 张锦秋 . 陕西历史博物馆设计 [J]. 建筑学报，1991，（9）：18-24.

[16] 李泽厚 . 美的历程 [M] . 北京：生活 · 读书 · 新知三联书店，2017.

[17] 柳诒徵 . 中国文化史 [M] . 长春：吉林出版集团股份有限公司，2016.

[18] 夏曾佑 . 中国古代史 [M] . 石家庄：河北教育出版社，2003.

[19] 李泽厚 . 华夏美学 [M]. 武汉：长江文艺出版社，2019.

图片来源

第一章

图 1-1、图 1-2、图 1-4、图 1-5　胡楠拍摄
图 1-3、图 1-6 ~图 1-10　中国建筑西北设计研究院有限公司
图 1-11、图 1-12　张广源拍摄
图 1-13　屈培青拍摄

第二章

图 2-1　改绘自：程建军 . 风水解析 [M]. 广州：华南理工大学出版社，2014.
图 2-2　改绘自：潘谷西 . 中国建筑史 [M].6 版 . 北京：中国建筑工业出版社，2009.
图 2-3　改绘自：刘敦桢 . 中国古代建筑史 [M]. 北京：中国建筑工业出版社，1984.
图 2-4 ~图 2-6、图 2-8、图 2-23、图 2-27、图 2-28、图 2-30、图 2-37 ~图 2-40　胡楠拍摄
图 2-7　杨宽 . 中国古代陵寝制度史研究 [M]. 上海：上海人民出版社，2016.
图 2-9　彭浩拍摄
图 2-10　改绘自：清龙门山全图碑刻拓印，原石现存韩城市文庙
图 2-11　改绘自：清乾隆四十九年《杭州府志》，现存于杭州市档案馆
图 2-12　改绘自：周维权 . 中国古典园林史 [M]. 北京：清华大学出版社，2008.
图 2-13 ~图 2-15、图 2-19　改绘自：刘敦桢 . 中国古代建筑史 [M]. 北京：中国建筑工业出版社，1984.
图 2-16　改绘自：正德本《阙里志》所载孔庙图摹本
图 2-17　改绘自：清《正定县志》，现存于正定县档案馆
图 2-18　作者自绘
图 2-20　改绘自：马炳坚 . 北京四合院建筑 [M]. 天津：天津大学出版社
图 2-21　改绘自：中华人民共和国住房和城乡建设部 . 中国传统建筑解析与传承 [M]. 北京：中国建筑工业出版社，2017.
图 2-22　改绘自：刘敦桢 . 苏州古典园林 [M]. 北京：中国建筑工业出版社，2005.
图 2-24、图 2-25　改绘自：王其钧 . 中国建筑图解词典 [M]. 北京：机械工业出版社，2007.
图 2-26　改绘自：李乾朗 . 穿墙透壁：剖视中国经典古建筑 [M]. 广西：广西师范大学出版社，2009.

图 2-29　作者自绘
图 2-31、图 2-33 ～图 2-36　蔡琛拍摄
图 2-32　作者自绘

第三章

图 3-1 ～图 3-3、图 3-9、图 3-11 ～图 3-13　中国建筑西北设计研究院有限公司
图 3-4 ～图 3-8、图 3-10　胡楠拍摄

第四章

图 4-1、图 4-2、图 4-4　张锦秋 . 陕西历史博物馆设计 [J]. 建筑学报，1991，（9）：18-24.
图 4-3　张锦秋 . 从传统走向未来：一个建筑师的探索 [M]. 西安：陕西科技出版社，1994.
图 4-5、图 4-6 ～图 4-8、图 4-12 ～图 4-14、图 4-16　胡楠拍摄
图 4-9 ～图 4-11、图 4-15　张锦秋手绘
图 4-17　赵元超 . 天地之间：张锦秋建筑思想集成研究，北京：中国建筑工业出版社 [M]. 2016.
图 4-18、图 4-19　张锦秋 . 唐韵盛景 曲水丹青：长安芙蓉园规划设计 [J]. 建筑创作，2004，（3）：34-53.
图 4-20 ～图 4-80　中国建筑西北设计研究院有限公司
图 4-81　阎飞手绘
图 4-82 ～图 4-89、图 4-91、图 4-94 ～图 4-96　张广源拍摄
图 4-90　屈培青工作室绘制
图 4-92　崔丹拍摄
图 4-93、图 4-98、图 4-100、图 4-101　屈培青拍摄
图 4-97　徐健生拍摄
图 4-99、图 4-102 ～图 4-106　徐健生手绘